HDL을 활용한 디지털 시스템 설계

저자 소개

곽종욱 kwak@ynu.ac.kr
경북대학교 컴퓨터공학과에서 학사 과정을 마친 후 서울대학교 대학원 컴퓨터공학과에서 석사, 동 대학원 전기·컴퓨터공학부에서 박사학위를 취득하였다. 이화여자대학교와 수원대학교에서 강사로 재직하였으며, 2006년 3월부터 삼성전자 SOC 연구소 책임연구원으로 근무하였다. 현재 영남대학교 전자정보공학부 전임교수로 재직 중이다. 주요 연구 관심 분야는 컴퓨터 구조, 임베디드 시스템 및 고성능 컴퓨팅 등이며, 관련 분야의 논문 및 특허가 다수 있다. 저서로는 Verilog HDL 합성, 디지털 논리회로 설계 등이 있다.

HDL을 활용한 디지털 시스템 설계

초판인쇄 | 2008년 7월 20일
초판발행 | 2008년 7월 30일

지 은 이 곽종욱
펴 낸 이 우동기
펴 낸 곳 영남대학교 출판부

출판등록 1975년 9월 5일 경산 제16-1호
주　　소 경북 경산시 대동 214-1
전　　화 053-810-1801~3
F A X 053-810-4722
홈페이지 book.yu.ac.kr

I S B N 978-89-7581-346-7 93560

• 값은 표지 뒷면에 있습니다.
• 잘못된 책은 바꾸어 드립니다.

HDL을 활용한 디지털 시스템 설계

pegasus

| 머리말 |

과거 컴퓨터 및 일부 시스템의 제어 장치에서 국한적으로 사용되던 디지털 기기들이 오늘날에는 우리의 일상 생활 전반에 걸쳐 깊숙이 파고들고 있다. 아울러, 불과 수년 전까지만 해도 일부 관심 있는 계층의 사람들에게서만 전용되던 각종 디지털 모바일 단말 기기들이 현재에는 거의 모든 계층의 사람들에게 생활의 필수품 내지는 홍미의 도구로까지 사용되고 있다. 향후, 이러한 디지털 정보 기기들이 점차 소형과, 경량화, 저가격화, 고성능화, 기능 통합화 등의 방향으로 발전해 감에 따라, 시스템 온 칩(System-On-Chip) 기술과 각종 임베디드 시스템(Embedded System)과의 결합, 그리고 유비쿼터스 컴퓨팅(Ubiquitous Computing) 환경의 도래와 더불어, 유무선의 각종 디지털 기기들은 우리들의 일상 생활에 더욱 깊숙이 파고들어 사용자가 심지어 인지하지 못하는 범위에까지 상호 작용을 주고 받을 것이라 예상된다.

한편, 이러한 디지털 정보 기기들이 점차 소형과, 고성능화되어 감에 따라, 많은 기능들이 작은 사이즈의 칩 내부에 대규모로 집적되게 되고, 이로 인해 기존의 디지털 시스템 설계 방법, 가령 단순히 회로를 시각적으로 묘사해 가는 방식으로서의 설계로는 한계를 가질 수밖에 없다. 이를 위해 소프트웨어 개발에 있어서의 프로그래밍 원리와 마찬가지로 하드웨어의 설계에 있어서도 보다 더 복잡한 논리를 인간의 관점에서 보다 더 쉽게 표현하도록 하는 프로그래밍 방법이 점차 활용되고 있다. 이 책은 디지털 시스템 설계의 핵심 방법론이라 할 수 있는 하드웨어 기술 언어(HDL, Hardware Description Language)를 활용한 설계 방법을 이야기하고 있다.

이 책은 HDL을 활용하여 FPGA 혹은 CPLD 그리고 더 나아가 ASIC 설계에까지 활용하고자 하는 사용자들을 대상으로 이를 위한 기본 정보를 제공하는 개론서이다. 1장에서는 현재 사용되고 있는 각종 디지털 회로의 설계 방법론에 대해 전반적인 사항들을 설명하고 있으며, 2장에서는 앞 장에서 설명한 설계 방법론 가운데 하나인 HDL의 활용에 대해 소개한다. 특히 대표적인 HDL이라 할 수 있는 VHDL과 Verilog HDL에 대해 함께 소개하여 독자들로 하여금 두 언어의 차이를 한 권의 책으로 비교할 수 있도록 하였다. 3장에서는 기본적인 디지털 회로, 가령 간단한 형태의 CPU 및 레지스터와 같은 기본 메모리 소자 등이 어떻게 HDL로 묘사될 수 있는가를 실제 예제 코드와 함께 설명하였다. 끝으로 4장에서는 실습 과정으로 사용될 수 있는 문제들을 소개하였다. 이 책을 통해 디지털 시스템의 각종 설계 방법과 HDL의 기본 철학, 그리고 하드웨어 프로그래밍이 가지는 소프트웨어 프로그래밍과의 차이를 이해 할 수 있을 것이다.

끝으로, 이 책이 출판될 수 있도록 협조해 주신 임베디드 기술 인력 양성 사업단의 특성화 교과목 사업 관련 담당자분과 영남대학교 출판부 관계자분들께 감사를 드린다.

2008년 7월

저자 씀

차 례

1장 집적 회로 설계 방법

흔히들 알고 있기로 하드웨어를 설계하는 작업이란 회로도를 '그려가는 작업(Drawing)'으로, 생성된 회로도를 인쇄 회로 기판으로 구현해서 각종 부품이나 칩을 납땜하는 작업이 전부인 것으로 알고 있는 경우가 많다. 물론 틀린 말은 아니다. 그러나 문제는 회로를 기계가 아닌 사람이 직접 그리기 때문에 그 회로의 복잡도에는 한계가 있을 수밖에 없다. 따라서 보다 복잡한 회로를 설계할 때는 하드웨어의 동작을 정확히 묘사할 수 있는 하드웨어 기술 언어 (HDL, Hardware Description Language)가 필수적으로 사용된다. 본 장에서는 하드웨어를 설계하는 전형적인 방법을 설명하고, 대표적인 하드웨어 기술 언어인 VHDL 및 Verilog의 사용법을 배워 보도록 한다.

디지털 시스템이나 하드웨어를 구현하는 방법은 일반 소프트웨어의 설계 절차와 비교해 그리 단순한 작업만은 아니다. 물론 소프트웨어의 설계 방법과 개발, 관리 및 유지 보수의 기법 등을 다루는 소프트웨어 공학적인 관점에서 보면 소프트웨어 제작 역시 보다 더 효율적이고 합리적인 제품의 개발을 위해 다양한 절차와 방법을 이용한 복잡한 설계 기법을 사용하기도 한다. 하지만 하드웨어를 디자인한다는 것도 하드웨어 공학적인 관점에서 보면 그 절차가 더 복잡하면 복잡했지 그리 만만치 않다. 특히 디지털 시스템과 하드웨어 디자인의 배경 지식이 없는 사람들이라면 일단 머릿속에 떠오르는 것이 소프트웨어를 개발한다는 것은 모니터와 키보드 앞에서 프로그램을 작성하면 완성되는 것이고,

하드웨어를 제작한다는 것은 모니터 앞에 앉아서 해야 하는 작업도 물론 필요하겠거니와 때로는 장갑을 끼고 납 냄새를 맡아 가면서 해야 하는 작업이라 생각할 것이다. 완전히 틀린 말은 아니지만 어쩌면 이런 선입관이 수많은 IT 인력을 배출해 나가는 우리나라의 현실에 비춰 볼 때 하드웨어 인력이 상대적으로 적은 이유인지도 모른다. 저자는 본 장의 내용을 통해 디지털 시스템 및 하드웨어를 구현하는 일반 방법론을 소개하며, 아울러 하드웨어도 소프트웨어와 마찬가지로 프로그래밍이 가능하다는 것을 소개하면서 이를 설명해 줄 것이다.

1.1 디지털 회로의 구현 방법

디지털 회로를 구현하는 여러 방법들에 대해 생각해 보자. 디지털 회로의 하드웨어적 구현 방법은 회로의 기능이나 복잡도 그리고 응용 분야 등의 다양한 요소에 의해 결정된다. 이러한 여러 가지 하드웨어의 구현 방법 중에서 적합한 방식의 선택은 해당 부품의 제조 가격과 개발 기간 및 시스템의 크기와 성능을 좌우하는 결정적인 요인이 되기도 한다. 이런 적절한 구현 방법의 선택과 아울러 하드웨어의 설계를 보조해 주는 도구인 CAD(Computer Aided Design) 툴의 선택 및 회로를 구현하고자 하는 설계자의 툴 사용 숙련도가 디지털 회로 구현의 또 하나에 중요한 관건이라 하겠다. 이러한 디지털 회로의 구현 방법은 그 방법론에 따라서 몇몇 가지로 정형화된 구분 방법이 있는 것은 아니나 크게 다음과 같은 세 분류가 가능하다.

1.1.1 표준 논리회로 소자를 이용한 구현

일반적으로 가장 간단한 회로를 설계하고자 할 때 이용되는 방법으로, 주로 SSI 시스템이나 MSI 시스템 등의 구현이 이와 같은 방법으로 이루어진다. 하지만, 이는 LSI 혹은 VLSI와 같은 고밀도 집적 회로의 직접적인 구현에는 한계가 있는 방식으로 실제로 흔히 주변에서 볼 수 있는 개별 단일 소자를 이용해 PCB상에서 직접 구현된다. 주로 디지털, 아날로그, 메모리 등이 혼용된 복합 회로의 구현에 용이하며 개발 기간과 비용 단축에 효과적이다. 하지만 고기능, 고성능 회로의 구현에는 어려운 점이 많다. 이러한 표준 논리 회로 소자를 이용한 구현 방법에서는 개별 소자를 이용한다는 것 자체가 이미 각각의 개별 소자의 제작에는 관심을 두지 않는다는 것을 의미하며, 따라서 이런 방식을 이용한 시스템에서는 미리 제작된 개별 소자를 이용한 PCB에서의 회로의 배치와 배선(P&R, Placement and Routing)이 중요 이슈가 된다.

참고 자료

인쇄용 회로 기판, PCB

흔히 '피씨비'라 불리는 인쇄용 회로 기판은 그 위에 칩이나 기타 다른 전자 부품들이 설치되어 있는 얇은 판을 의미하는데 이 보드는 강화 섬유 유리나 플라스틱으로 만들어지며 구리로 된 회로를 통해 부품들이 서로 연결되어 있다. 컴퓨터 시스템 내에 주요 PCB(Printed Circuit Board)로는 시스템 보드 또는 마더 보드라고 불리는 핵심 PCB가 있으며, 메인보드의 슬롯에 꽂히는 작은 PCB들은 그냥 '보드' 또는 '카드'라고 부른다. 인쇄 회로 기판이라는 PCB 용어에서도 알 수 있듯이, 이렇게 회로가 '인쇄되었다'는 말은 보드 내에 회로가 실제로 선명하게 새겨진 회로를 의미한다. 자세한 공정이야 생략하더라도 구리 박판을 강화 섬유 유리나 플라스틱 기판 위에 놓은 다음 이를 에칭(동판의 부식)하는 형식으로 기판에 회로를 새기게 되는 방식이다.

이러한 PCB는 컴퓨터에서 여러 형태의 보드들로 구분돼 있는데 이러한 보드들은 일반적으로 다음의 부류로 나눠진다.

◆ 마더 보드 : 주변장치를 버스에 부착할 수 있도록 커넥터를 가지고 있는 주 기판이다. 일반적으로 마더 보드는 CPU, 메모리 그리고 기본적인 시스템 컨트롤러 등을 담고 있다. PC에서는 마더 보드를 주로 시스템 보드 또는 메인 보드라고도 부른다.

◆ 확장 보드 : 컴퓨터의 확장 슬롯에 꽂아 넣는 카드이다. 확장 보드에는 컨트롤 보드, 네트워크 카드, 비디오 어댑터 등이 이 범주에 포함된다.

◆ 도터 보드 : 다른 보드에 직접 부착되는 보드이다. 다른 보드에 부착함으로 기능을 확장시키는데 주로 사용된다.

◆ 컨트롤러 보드 : 확장 보드의 특별한 형태로서 주변 장치의 컨트롤러가 포함된 보드이다. 디스크 드라이브나 그래픽 모니터 등과 같은 새로운 주변 장치를 컴퓨터에 부착하려면 컨트롤러 보드가 필요하다.

1.1.2 마이크로 컨트롤러를 이용한 구현

이 구현 방법은 i8051, M68HC11, Z80 등 이와 같은 표준형 마이크로 제어 유닛(MCU, Micro Control Unit)을 사용한다. 이러한 MCU는 흔히 주위에서 쉽게 접할 수 있는 CPU로 대변되는 MPU(Micro Processing Unit)와는 그 성격이 조금 다르다. 자세한 성격상의 구분은 <표 1.1>을 참조하기 바란다. 이러한 마이크로 컨트롤러를 이용한 구현방법에서는 주로 내장형 또는 외장형으로 존재하는 프로그램 메모리에 회로의 기능을 어셈블리 프로그램 형태로 탑재해 이를 통해 제어 작업을 수행하게 된다. 따라서 앞서 설명한 표준 논리 회로 소자를 이용한 방법에 비해서는 어느 정도 프로그래밍 철학이 첨가된 것으로 비교적 다기능, 고성능의 제어 및 데이터 처리에 적합하다. 하지만 그 사용처는 MCU의 특성상 특수 목적용으로 주로 한정되는 경우가 많다. 이런 방식을 이용한 구현 방법에서는 내장되어 있는 프로그램의 코드 크기와 실행 속도를 최적화시키는 일이 핵심이 되는 작업이며 그 외에 다른 모듈들, 가령 타이머, 카운터, UART 등 MCU 칩 주변 회로의 효율적 활용을 위한 설계가 중요 이슈가 된다.

<표 1.1> MPU와 MCU의 비교표

MPU(Micro Processing Unit)	MCU(Micro Controlling Unit)
일반적으로 32bit · 64bit의 데이터 처리 능력을 가진다.	사용되는 칩의 목적에 따라 조금씩 다르지만 8bit · 16bit 정도의 데이터 처리 능력을 가진다.
일반 목적용 처리기로 사용 가능하다.	주로 특수 목적의 PU(Processing Unit)로 사용된다.
주로 컴퓨터 CPU에 사용된다.	다양한 내장형 응용에 사용된다
제어 기능뿐만 아니라 빠른 계산 속도와 데이터 처리 능력이 주된 이슈이다.	속도보다는 제어가 주된 이슈이다 타 기능에 비해 인터럽트기능이 상대적으로 강화되어 있다.
현재 최대 수십 GHz 이상의 속도를 보인다	주로 100MHz 이하의 속도를 보인다.

참고 자료

IC 칩의 집적도에 따른 분류

소규모 집적(Small-Scale Integration, SSI) 회로

- 10개 이하의 독립적인 게이트가 하나의 칩에 포함된다.
- 게이트의 입출력이 바로 외부 핀과 연결되어 있는 형태가 많다.

중규모 집적(Medium-Scale Integration, MSI) 회로

- 10에서 200개 정도까지의 게이트를 집적한다.
- 기본적 디지털 장치의 구현을 위해 사용된다.
- 디코더, 가산기, 레지스터 등이 예가 될 수 있다.

대규모 집적(Large-Scale Integration, LSI) 회로

- 200에서 1000개 정도까지의 게이트를 집적한다.
- MSI의 세부 모듈을 이용하기도 하며 이를 통해 디지털 시스템을 형성하는데 사용된다.
- 간단한 프로세서, 메모리 등이 해당된다.

초대규모 집적(Very-Large-Scale Integration, VLSI) 회로

- 수천 개 혹은 그 이상의 게이트를 하나의 칩에 집적한다.
- 일부 분류에서는 VLSI 보다 상위 개념으로 ULSI(Ultra-Large-Scale Integration) 라고 세부적으로 구분하기도 한다.
- 대형 메모리, 마이크로 컴퓨터 칩 형성한다.

1.1.3 주문형 반도체를 이용한 구현

끝으로, 앞서 설명한 두 가지 기법보다 더욱 복잡한 회로의 설계 시에 사용되는 그리고 이번 본 교재의 내용과도 가장 관련이 있는 주문형 반도체를 이용한 구현 방법이 있다. 이 구현 방법은 '특정한 용도의 주문형 집적 회로'로 대변되는 ASIC(Application Specific Integrate Circuit, 에이직 혹은 에이식으로 발음)을 이용한 구현 방법을 말한다. 이러한 ASIC은 넓은 의미로는 메모리와 일반 표준 IC를 제외한 각 시스템별로 사용되는 전용 IC를 의미한다. 부연 설명하자면 기존의 일반 메모리와 표준 IC 혹은 일반 용도로 사용되는 CPU 등은 그 기능이 미리 정해져 있고 그 사용처가 일반 목적으로 사용될 수 있음을 뜻한다. 하지만 주문형 반도체라는 것은 그 이름에서도 알 수 있듯이 '특수 목적용으로 특정 응용'에 맞게 설계되고 제작된 '일반이 아닌 전용' IC를 의미한다. 앞서 말한 두 가지 구현 방법과 비교할 때 가장 복잡한 수준의 회로 기능 묘사가 가능하다. 그리고 본 교재에서 추후 다루게 될 하드웨어 기술 언어를 사용한 회로의 구현도 여기에 해당되는 구현 방식이라 할 수 있다. 주문형 반도체를 이용한 구현 방법의 세부 토픽으로 이러한 구현 방법에 대한 보다 더 세분화된 분류에 대해 앞으로 자세히 다루기로 한다.

1.2 주문형 반도체 설계

이상에서 알아본 바와 같이 디지털 시스템을 이용한 하드웨어의 제작은 회로의 기능과 복잡도 그리고 응용 분야의 적합성 등에 따라서 다양한 구현 방법을 취한다. 그 중에서도 제일 복잡한 회로를 묘사할 수 있는 고기능 고성능의 능력을 가진 구현 방법이 앞서 설명한 대로 주문형 반도체를 이용한 구현 방법이다. 그렇다고 해서 고기능 고성능의 설계 기법이 항상 최적의 설계 기법이라 할 수는 없다. 가령 단순한 작업과 제어만을 필요로 하는 응용 분야에서 쓸데없이 비싼 고가의 칩을 이용한 주문형 반도체 설계 방식을 이용해 구현할 필요가 없는 것이다. 응용 분야의 적합성에 대한 중요성을 다시금 강조할 수 있을 것이다. 그럼 지금부터는 이러한 주문형 반도체의 설계 방법에 대한 세부 분류를 알아보고, 점차 우리가 다루고자 하는 분야로 그 범위를 줄여 나가기로 하겠다. 주문형 반도체를 이용한 방식은 크게 완전 주문형 방식과 반 주문형 방식으로 구분한다. 미리 설명하긴 했지만 구분하고자 하는 기준이 공학적 견해에 따라 약간 그 분류상의 위상이 달라지기도 할 수 있다는 사실을 염두하기 바란다.

1.2.1 완전 주문형 방식

먼저 완전 주문형(Full-Custom) 방식이다. 이는 흔히 사용자의 요구로 대변되는 주문(order)과는 별개로 제작되는 범용 메모리나 CPU, 즉 일반 목적용으로 사용되는 칩들과는 상대적인 개념이다. 완전 주문형 방식은 구현하고자 하는 IC 회로를 CAD Tool을 사용해 직접 설계, 웨이퍼 가공, 검증 등의 단계에 이르기까지 레이아웃 도면을 직접 디자인해야 하기 때문에 디자인 기간이 많이 걸린다. 특히 보다 최적화 된 회로의 구현을 위해서 트랜지스터 단위로까지의 설계가 이뤄지기도 하기 때문에 반도체 칩 설계에 대한 고도의 전문가가 필요시되는 분야이기도 하다. 하지만 칩 제조의 처음 단계에서부터 시작해 모든 단계를 직접 설계하기 때문에 최적화가 가장 잘 되어 있는 형태이기도 하다. 즉 가장 작은 면적으로 가장 많은 소자를 집적시킬 수 있고, 따라서 칩의 대량 생산시에 가장 싼 가격에 가장 빠른 동작 속도를 보장할 수 있다. 즉 초기 투자 비용만 감소시킬 수 있다면 대량 생산을 위한 방식으로는 가장 적합한 방식이라 할 수 있다.

1.2.2 반 주문형 방식

반 주문형(Semi-Custom) 방식에서는 트랜지스터 단위의 설계가 이뤄지는 완전 주문형 방식과는 다르게 게이트나 레지스터 단위의 설계가 주로 이뤄진다. 이 말은 바꾸어 해석하자면 이미 게이트나 레지스터는 만들어져 있으며 이들의 상호 연결이 주된 관심사가 된다는 의미가 된다. 또한 이 방식은 완전 주문형 방식에서의 주된 관심사라 할 수 있는 트랜지스터 단위의 설계는 아예 관심의 대상이 되지 않는다. 즉 제작자는 이렇게 미리 제작되어진 기존의 게이트나 레지스터를 특정 동작을 수행하게끔 CAD 툴을 사용해 서로 연결 시켜주는 일만 하면 된다. 이런 의미에서 반 주문형 방식이라고 하는 것이다. 이런 반 주문형 방식은 다시 그 구현 방법에의 특징에 따라서 표준형 셀에 기반한 구현 방식, 게이트 어레이에 기반한 방식, 그리고 끝으로 가장 복잡한 형태의 반 주문형 방식이라 할 수 있는 프로그램 가능한 소자를 이용한 구현 방식으로 세분화 될 수 있다. 각각에 대해 좀 더 자세히 알아보자.

1.2.2.1 표준형 셀 기반 방식

표준형 셀은 사전에 미리 제작되고 동작에 있어 명확한 정의가 이뤄진 게이트 혹은 래치 등의 기본 셀(cell)을 이용해 설계를 완성하는 방식이다. <그림 1>에서 보는 바와 같이 표준형 셀 기반 방식에서는 칩 내부가 표준 셀들로 이뤄져 있으며 그 경계에 I/O 영역과 배선 영역(routing)이 존재하는 형태를 보인다. 즉 경계 영역에 배선과 관련된 부분을 고려해 제작자가 이를 상호 연결해 적절한 동작을 수행하도록 해야 하며, 아울러 I/O 영역을 디자인하여 칩 외부로 나오는 핀들을 상호 맵핑시켜주는 작업이 필요하다. 표준형 셀 기반 방식은 기본적으로 이러한 셀들로 구성되어 있고 상호 연결되지 않은 경계 영역들로 이뤄져 있지만 이런 셀 구조 역시 간단한 ALU와 ROM 등의 존재 여부에 따라서 PolyCell 방식과 MarcoCell 방식이란 용어를 사용하여 재 구분되기도 한다. PolyCell 방식은 <그림 1>과 같은 형태라 할 수 있으며 MacroCell 방식은 <그림 2>에 나타나 있다. I/O 핀들을 맵핑시킬 패드 부분과, 미리 만들어져 있는 셀, 그리고 이를 연결시킬 라우팅 영역 이외에 별도로 기능 블록(functional block)이란 것이 존재한다. 칩 내에 존재하는 서브 모듈이라 할 수 있다. 간단한 제어 유닛이나 ROM 등이 이러한 서브 모듈로 존재할 수 있다.

<그림 1> 표준형 셀에 기반한 방식

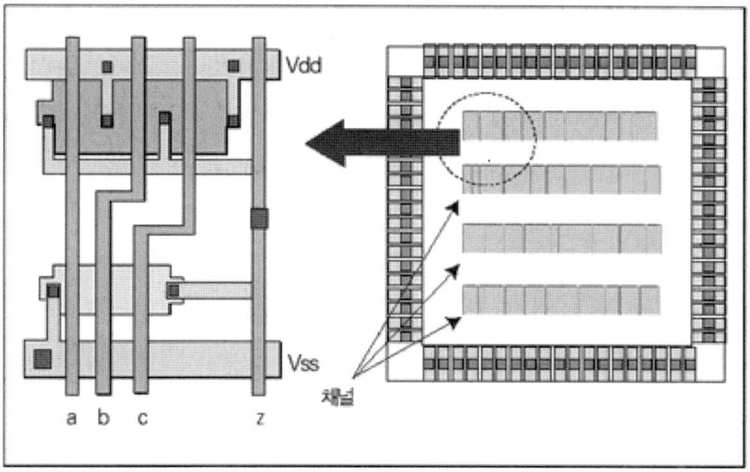

<그림 2> 매크로 셀에 기반한 방식

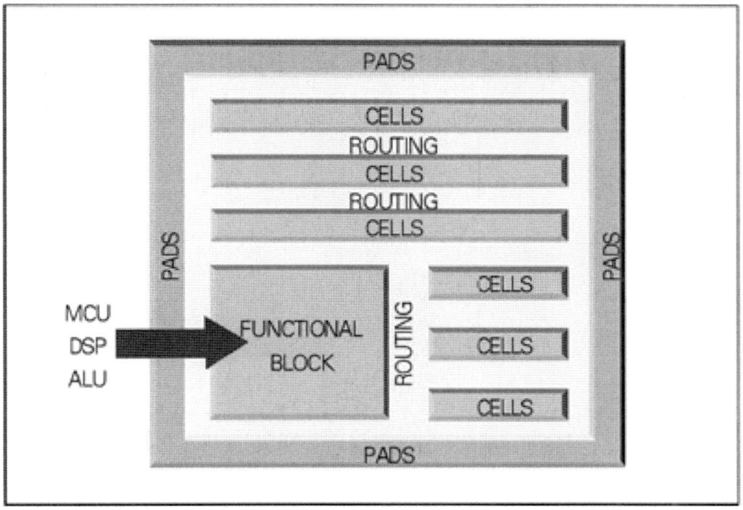

1.2.2.2 게이트 어레이 기반 방식

게이트 어레이(Gate Array)에 기반하는 설계 방식은 칩을 설계하는 단계에서 각각의 셀을 어레이 형태로 배치하고 이를 공정 및 제작 단계에서 어레이들 간의 배선만 바꿈으로써 목적하는 기능에 맞게 동작하도록 회로를 구성하는 방식이다. 표준형 셀에 기반한 방식과 비교해서 칩의 크기, I/O의 위치, 특히 셀들의 종류와 위치, 모양 등이 고정되어 있다는 차이점이 있다. 사실 이 방식은 설계상의 제약이 많고 표준 셀 방식보다 더 정형화 되어있기 때문에 칩의 면적이 낭비될 수 있다는 문제점이 있기도 하다. 다시 말해 주어진 어레이에서 모든 셀들이 사용되든 그렇지 않든 모두 설치돼 있어야 한다는 것이 단점으로 지적된다. 게이트 어레이에 기반한 방식이 <그림 3>에 나타나 있다. 또한 게이트 어레이 방식을 따르면서 이에 대한 세부적인 특수 형태로 SOG(Sea of Gate) 형태의 칩이 있다. 이 방식은 <그림 4>에서도 보는 바와 같이 셀을 연결하기 위한 별도의 배선 영역을 없앤 형태이다.

<그림 3> 게이트 어레이에 기반한 방식

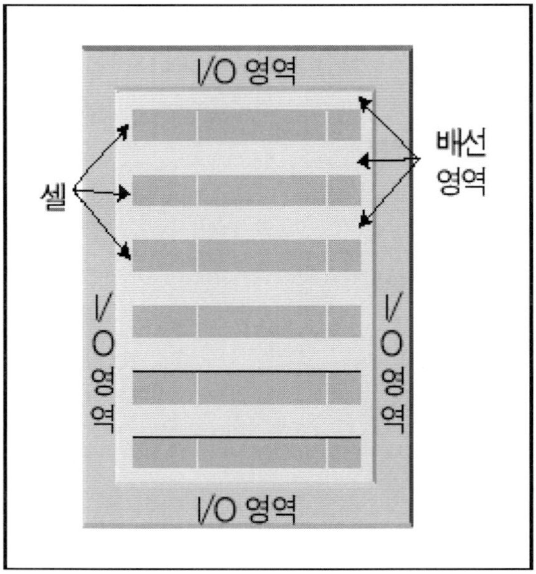

<그림 4> SOG에 기반한 방식

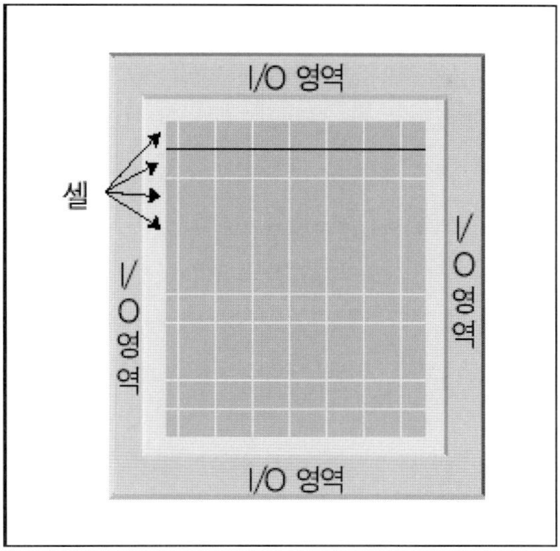

1.2.2.3 프로그램 가능한 소자를 이용한 구현 방식

프로그램 가능한 소자라는 것은 하드웨어 칩을 디자인함에 있어서 이를 실제 칩 제조 공장 같은 생산 현장이 아닌 실험실이나 연구실 같은 설계 현장에서 구현할 수 있게끔 만들어진 소자를 의미한다. 부연하자면 공장에서 대량 생산되기 이전에 연구실 혹은 실험실 차원에서 디자인한 하드웨어 회로를 바로 즉시 칩으로 구현해 시스템 수준의 검증을 신속하게 이뤄지도록 하는 것으로써 하드웨어 칩의 프로토타이핑 작업에 유용하게 사용되는 형식이다.

흔히 PLD(Programmable Logic Device)라 불리는 프로그램 가능한 소자는 그 기능에 따라서 다시 다음과 같이 나뉘어진다. 일반적으로 크게 PROM (Programmable ROM), EPROM(Erasable PROM), EEPROM(Electrically Erasable PROM)으로 이어지는 ROM(Read Only Memory) 계열과 PAL(Programmbale Array Logic)/PLA(Programmable Logic Array), 그리고 CPLD(Complexed Programmable Logic Device)와 FPGA(Field Programmable Gate Array)등으로 나눠질 수 있다. ROM 계열의 구분에 대해서는 프로그래밍 가능 여부와 이를 다시 재 프로그래밍 할 경우 그 매체가 자외선이냐 전기이냐의 특징에 따라 이와 같이 구분하는 것이다.

PAL은 기본적으로 EEPROM과는 상반된 구조를 지니고 있으며 AND/OR 어레이 로직이 그물망 형태로 구성되어 있다. PLA도 이와 상호 대칭적인 유사함을 보인다. 회로의 설계함에 있어서 보다 더 고밀도의 IC는 ROM과 PAL/PLA와 비교해 볼 때 CPLD와 FPGA가 더 적합하다고 할 수 있다. CPLD는 기본 로직 블럭으로 매크로 셀을 사용하며 PAL과 유사하지만 집적도가 높고 속도면에서 빠르다. 마지막으로 살펴볼 FPGA는 고밀도의 고속 PLD를 위한 소자로써 내부 구조상으로는 게이트 어레이와 비슷하지만 내부 회로의 배선이 기존의 것처럼 특수한 도구에 의해서 연결되는 것이 아니라 프로그래밍에 의해 연결된다는 점에서 차이가 있다. 다른 PLD에 비해서 속도가 월등히 뛰어나며 집적도가 좋다.

지금까지 우리는 디지털 회로를 구현하는 방법에 대해 알아봤다. 특히 주문형 반도체를 이용한 구현 방법에 있어서 좀 더 세분화된 관점에서 분류해 살펴봤다. 이런 분류는 전문가적 입장의 차이에 따라서 그 위상을 조금 달리 할 수도 있으나, 디지털 회로를 구현하는 분야에서 주문형 반도체 쪽으로 점점 세분화되어 내려올수록 더욱 집적화, 고속화되는 경향을 보이고 상대적으로 완전 주문형 반도체에 비해서 반 주문형 반도체가 보다 더 융통성(Flexiblity)을 가진다는 것을 알 수 있었을 것이다.

또한 한 가지 주의할 것은 지금까지의 이런 다양하고 세분화된 분류가 FPGA에 이르러서 마감이 되었다고 해서 FPGA가 '궁극의 기술은 아니다'는 것을 주지하기 바란다. 다만 집적도와 속도 그리고 사용자의 동작 제어에 대한 기능 부여와 융통성적인 측면에서 볼 때 FPGA가 가장 적절한 소자 형태라는 말이다. 특히 본 교재의 이후 부분에서 다루어지는 하드웨어 기술 언어를 이용한 디지털 시스템 구현에 있어서 주된 이슈가 바로 FPGA가 된다는 것을 말하기 위함이며, 이러한 이슈가 디지털 회로를 구현하는 방법 중 어디에 해당되는 분야인지 그 위상을 파악할 수 있기를 바란 것이다. 이상의 설명을 바탕으로 디지털 시스템을 포함한 일반 반도체 설계의 기술적 분류를 보면 다음 <그림 5>와 같다.

<그림 5>에서 살펴보면 집적 회로 즉 IC는 메모리와 비 메모리 분야로 나뉨을 알 수 있다. 주지하다시피 우리나라는 메모리 분야, 특히 DRAM 분야에서

세계 최고를 자랑한다. 그리고 또 하나의 큰 분류인 비 메모리 분야가 존재한다. 비 메모리 분야는 다시 아날로그와 디지털 시스템으로 구분되며 디지털 시스템 분야로 내려오면 ASIC, PLD, FPGA 등이 분류상에 존재함을 알 수 있다.

<그림 5> 반도체 설계의 기술 분류

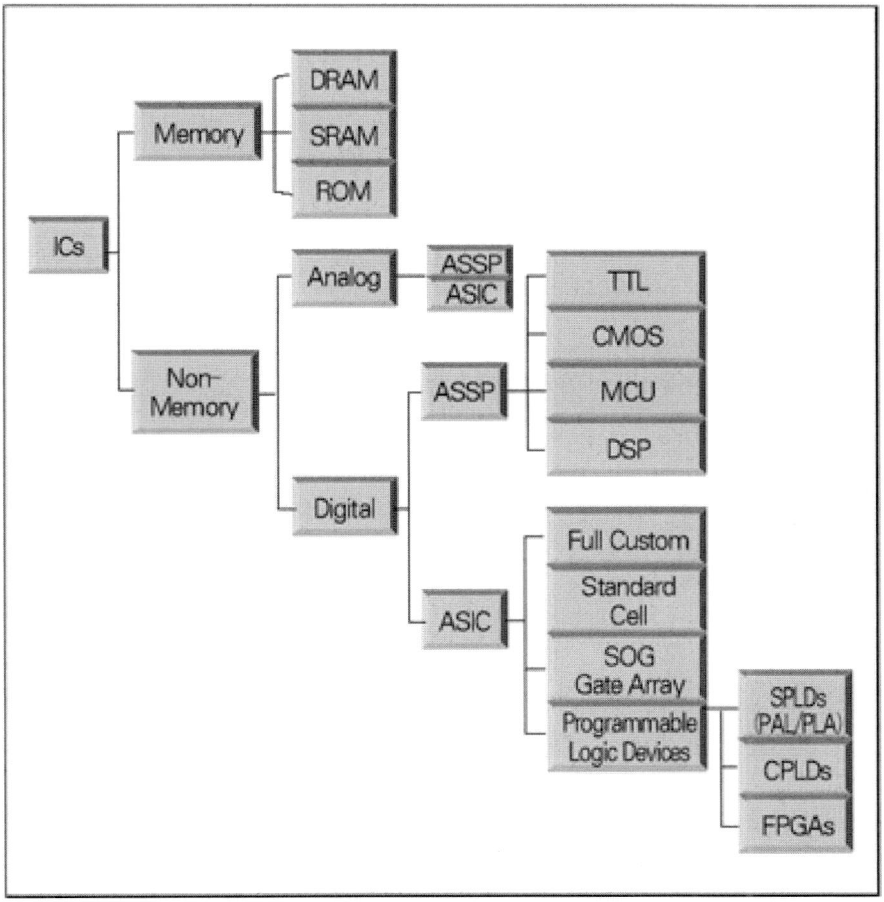

1.3 하드웨어 기술언어, HDL

이제까지 우리는 다양한 관점에의 분류를 통한 하드웨어 설계 기법과 방법론에 대해 살펴봤다. 지금부터는 이러한 CPLD/FPGA 등을 설계할 때 사용하는 하드웨어 기술 언어에 대해 알아보기로 한다. 하드웨어 기술 언어 즉 HDL을 이용한 설계 방법은 앞서 설명한 바와 같이 FPGA 등을 제작하는데 있어 또한 ASIC 칩의 설계 시에 주로 사용되는 방법이다. 이는 하드웨어를 제작하는데 있어서 회로도를 이용한 설계가 아니라 하나의 언어를 이용한 설계라는 점에서 그 특징이 있다.

<그림 6> 회로도를 이용한 설계와 VHDL을 이용한 설계

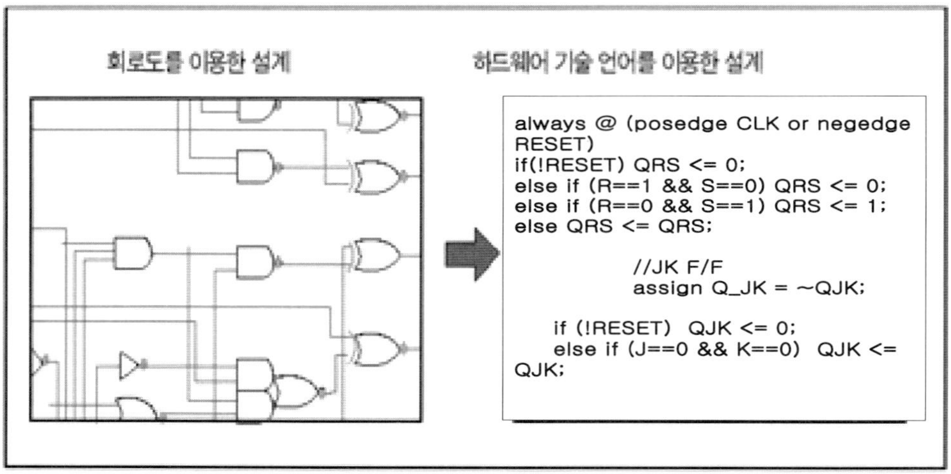

<그림 6>에서 왼쪽의 그림은 일반 회로도를 이용해 하드웨어 모듈을 디자인하는 예를 나타낸다. 이에 반해 우측의 것은 하드웨어 기술 언어를 이용한 설계 방법을 나타낸다. 하드웨어 기술 언어를 이용한 설계 방법은 다양한 분야에 이용될 수 있다는 점에서 장점이 되기도 한다. 이는 ASIC 뿐만 아니라 CPLD/FPGA에 광범위하게 이용할 수 있으며 또한 상대적으로 간단한 소규모 회로의 디자인에도 전혀 무리 없이 사용할 수 있다. 회로도를 이용한 설계 방법과 하드웨어 기술 언어를 이용한 설계 방법을 <표 1.2>에 비교해 놓았다.

<표 1.2> 회로도와 VHDL을 이용한 설계 비교

회로도를 이용한 설계	하드웨어 기술 언어를 이용한 설계
회로도를 입력하는데 시간이 걸린다.	텍스트로 간단히 입력한다.
불 대수식과 같은 논리식을 생각해야 한다.	논리식을 생각할 필요가 없이 일반 프로그래밍 마인드로 제작 가능하다.
설계한 내용을 변경하기가 쉽지 않다.	설계한 것을 쉽게 변경할 수 있다.
설계자 이외는 내용을 이해하기가 어렵다.	체계적 프로그램이라면 어느 사람도 이해하기가 쉽다.
특적 업체의 CPLD 혹은 FPGA로 설계하려면 그 업체가 제공하는 라이브러리 프로그램을 이용해야 한다.	어느 회사에서 만든 CPLD 혹은 FPGA를 모두 사용할 수 있다.

몇가지 특징에 대해 부연 설명하자면 다음과 같다. 첫째, 하드웨어 기술언어를 이용해 설계하게 되면 복잡한 논리식으로부터 설계자를 해방시킬 수 있다는 장점이 있다. 즉 부울 대수식을 통한 논리 연산도를 유추해 내고 이를 설계하는 과정이 없이 바로 일반 프로그래밍 마인드로 작업할 수 있다는 말이 된다. 이는 설계 기간을 단축시키고 설계의 변경을 쉽게 할 수 있다는 점에서 중요한 장점으로 부각된다. 이 때 한 가지 조심해야 할 것은, 이러한 하드웨어 기술 언어라는 것이 일반 프로그래밍 마인드로 작업할 수 있다는 말이 되는데, 이는 좀 더 엄격하게 생각하면 틀린 말이 된다. 즉 기본적으로 하드웨어를 디자인하는 과정은 회로도를 그리는 과정이 아닌 코딩하는 과정임에는 틀림없지만 코딩하고 있는 그 대상이 소프트웨어가 아닌 하드웨어라는 것이 중요한 이슈이다. 이는 기본 동작 메커니즘에 있어서 소프트웨어와 하드웨어의 차이에서 기인한다.

소프트웨어와 하드웨어의 차이가 비단 한 두 가지만은 아니겠지만, 이 둘 간에 가장 중요한 차이점은 '순차성과 병렬성'이라 할 수 있다. 소프트웨어는 프로그램내의 코드가 기본적으로 순차실행으로 이뤄진다. 가령 코드 앞부분에 순환문을 실행하면서 뒷부분에 제어문이 동시에 실행된다던가 하는 일은 없다. 하지만 이는 하드웨어에서는 해당사항이 없는 말이다. 즉 어떤 하나의 클럭에 동기화 되어 있는 각각의 하드웨어 모듈이 있다면 클럭의 신호가 발생할 때마다 이와 연관되어 있는 모든 하드웨어 모듈들은 서로 병렬적으로 수행한다는 것이다. 이는 소프트웨어와 하드웨어 둘 간의 중요한 차이점이라는 것을 명심하기 바란다.

이러한 하드웨어 기술 언어의 대표적인 두 가지를 꼽으라면 VHDL과 Verilog를 들 수 있다. 현재 이 두 가지 언어가 업계나 회사 차원에서 그리고 연구실 차원에서 비교적 대등한 비율로 많이 사용되고 있으며 특히 학계에서는 VHDL을, 업계에서는 Verilog를 주로 사용한다는 정도를 알아 두기 바란다.

1.3.1 HDL : VHDL & Verilog

이제 우리가 살펴볼 하드웨어 기술 언어인 HDL(Hardware Description Language)은 VHDL과 Verilog이다. 이 중 VHDL은 'VHSIC Hardware Description Language'의 약자이다. 여기서 또한 VHSIC은 'Very High Speed Integrate Circuit'의 약자이다. 해석하자면 '하드웨어의 동작을 설명하는 언어'인데 '매우 빠른 속도'라는 게 덧붙어 있는 형태가 된다. 즉 개발 속도가 빠르고 고속으로의 동작이 가능하며 집적도가 높은 ASIC을 개발하기 쉽도록 제작된 언어라는 것을 알 수 있을 것이다. 그리고 또한 VHDL과 Verilog는 실제 하드웨어적 동작의 기술 능력이 많이 포함된 언어이며 문법적으로 볼 때도 그리 복잡하지 않은 언어이다.

다음으로 이러한 HDL의 등장 배경을 살펴보자. HDL은 본래 상위 레벨의 언어(High Level Language)처럼 쓰도록 제작됐다. HDL 이전의 하드웨어 설계에 있어서는 레이아웃 편집기 같은 것을 이용해 작은 블럭을 설계하고 이것을 이용해 큰 블럭으로의 설계를 확장시켜 나가는 상향식 설계(Bottom-Up) 방식을 사용했다. 하지만 이런 설계 기법은 설계해야 할 회로의 규모가 커지고 복잡도가 증가함에 따라서 자체적인 한계를 가질 수밖에 없는 방식이었다.

특히 일부 학자들은 사람의 두뇌의 한계, 즉 사람이 일일이 추적할 수 있는 게이트의 한계가 약 5000개 정도라고 보고했고, 이를 바꾸어 생각해 보면 사람이 일일이 그림으로 그려서 표현할 수 있는 게이트 회로의 개수에 한계가 약 5000개 정도라는 말이 된다. 따라서 보다 더 집적되고 복잡한 회로를 인간의 사고와 유사하게 알고리즘이나 함수 레벨에서 제어와 설계가 가능한 그 무언가가 필요했으며 이런 요구로 HDL이 출현하게 되었다. 이러한 HDL과 같은 하드웨어 기술 언어를 이용해 회로를 설계해 나감으로 하향식 설계(top-down)가 가능하게 되었다.

이러한 HDL은 크게 문서화(Documentation), 시뮬레이션(Simulation), 합성(Synthesis) 등의 용도로 주로 사용된다.

먼저 문서화에 대해서 살펴보자. 어떠한 작업에서건 문서화는 반드시 필요하다. 만약 예를 들어 VHDL을 사용해 하드웨어를 구현했다고 한다면 이에 대한 문서화 작업이 상당히 간단해 진다. 즉 VHDL 자체가 하나의 언어이고 따라서 언어로서 이미 자체 문서화(Self-Documentation)적인 특징을 내포하고 있다고 볼 수 있는 것이다. 따라서 문서화에 많은 도움이 될 수 있다.

다음으로는 시뮬레이션이다. 모든 프로그래밍이 마찬가지겠지만 HDL 또한 작성한 코드가 제대로 동작하는지를 검증하는 단계가 필요하다. 이를 시뮬레이션이라고 하는데 실제 하드웨어가 제대로 동작하는가를 하드웨어 특유의 타이밍도를 통해 동작의 정확성 여부를 검증할 수 있게 된다.

끝으로 HDL은 각종 합성 도구를 통해, 합성 작업(Synthesis)까지 지원한다. 먼저 합성작업에 대해 간단히 부연 설명하겠다. VHDL과 Verilog는 상위 수준의 하드웨어 기술 언어이기 때문에 보다 낮은 로직 레벨로 바꾸는 과정이 필요하며 추상화된 알고리즘적 동작을 설명하는 VHDL과 Verilog를 게이트 혹은 레지스터 레벨로 변환하는 작업이 필요하게 된다. 이를 합성작업이라고 한다. 즉 작성한 코딩을 논리적으로 합성시키는 HDL 툴은 HDL로 프로그램 된 논리기능을 실제 게이트 회로로 변환하는 역할을 한다. 이러한 논리합성에 의해서 생성된 출력 결과물은 만들고자 하는 ASIC의 네트리스트(netlist)가 된다. 네트리스트란 회로 부품의 접속관계를 텍스트 형태로 표현한 것을 말한다. 이러한 네트리스트 파일이 VHDL과 Verilog를 이용한 상위 레벨의 디자인을 하위 레벨의 실질적인 부품들과의 연관을 지어주는 다리 역할을 하는 것이다. <그림 7>에 합성 과정이 나타나 있다.

<그림 7> 합성 과정

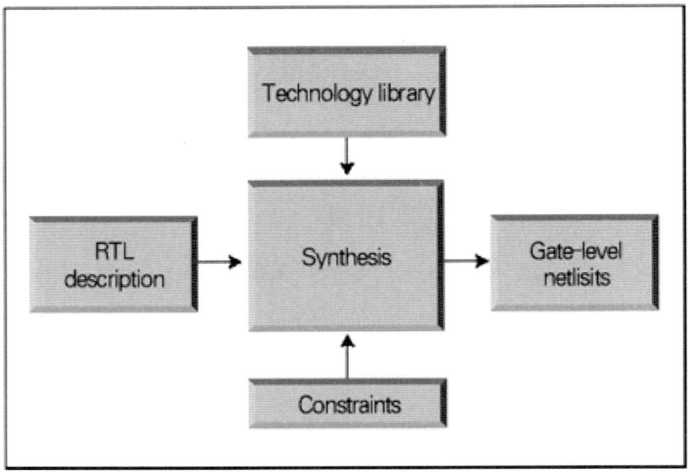

참고 자료

집적 회로 설계의 변천 과정

	제1단계 (60~70년대)	제2단계 (70~80년대)	제3단계 (90년대~)
설계 방법	상향식 설계 트랜지스터 레벨의 레이아웃 설계	게이트나 레지스터 레벨의 논리설계	하향식 설계 알고리즘이나 기능 레벨의 설계
설계 도구	레이아웃 편집기	스키메틱 편집기	HDL과 합성
설계 범위	SSI, MSI 수천 게이트 이하	LSI, VLSI 수만 게이트 이하	VLSI 수십만 게이트 이상
설계 예	게이트, 카운터, 멀티플렉서, 가산기	마이크로 프로세서, 주변장치	고성능 MCU, DSP, 실시간 영상 처리 시스템등

HDL도 나름대로 문제점이 있다. 최적화가 바로 그것이다. 즉 인간의 사고와 유사한 언어라는 매체를 사용했기 때문에 개발하는 사람의 입장에서는 편리할지 몰라도 그렇게 설계한 회로가 시스템적 차원에서는 최적화 되지 못하는 경우가 많다. 이는 완전 주문형 방식의 ASIC과 비교할 때 비교적 큰 단점으로 지적된다. 물론 HDL을 지원하는 여러 CAD 툴들이 이런 최적화 분야의 기술 개발에 박차를 가하고 있긴 하지만 직접 게이트 레벨 혹은 트랜지스터 레벨에서 설계한 회로보다는 일반적으로 VHDL을 포함한 HDL을 합성한 회로의 규모가

더 커지는 경우가 많다. 또한 이렇게 규모가 커지게 되면 생산된 칩의 소형화, 빠른 동작 속도, 적은 소비 전력적인 차원에서 문제를 일으킬 수 있으므로, 지금까지도 그래왔듯이 앞으로도 많은 개선이 되어야 할 분야이다.

<그림 8>에서 전형적인 ASIC 설계 절차들이 요약되어 있다. 앞서 말한 3단계의 용도와 같이 비교해 살펴보기 바란다. 우선 절차적 형식으로 작성된 HDL 코드를 기능적 형식으로의 레지스터나 게이트 레벨의 RTL(Register Transfer Level) 코드로 변환을 수행한다. 그리고 난 후 이를 시뮬레이션 단계를 거쳐서 프로그램의 무결성을 검증한다. 그 후 합성 과정을 거쳐 이를 다시 특정 ASIC 업체에서 제공하는 라이브러리로 매핑(mapping)하는 과정을 거친다. 특히 시뮬레이션은 RTL 코드 레벨에서의 시뮬레이션이 있고, 네트리스트 레벨에 대한 시뮬레이션이 있다. 이는 하드웨어 기술언어 레벨의 시뮬레이션이냐 아니면 특정 ASIC 업체 제품의 회로상의 딜레이가 반영된 기술 종속적인 시뮬레이션이냐의 차이에 따른 것이며, 전체적으로 볼 때 특성이 다른 두 번의 시뮬레이션 과정을 거치는 것이 된다. 이것이 일반적인 ASIC의 설계 절차이다.

<그림 8> 전형적인 ASIC 설계 절차

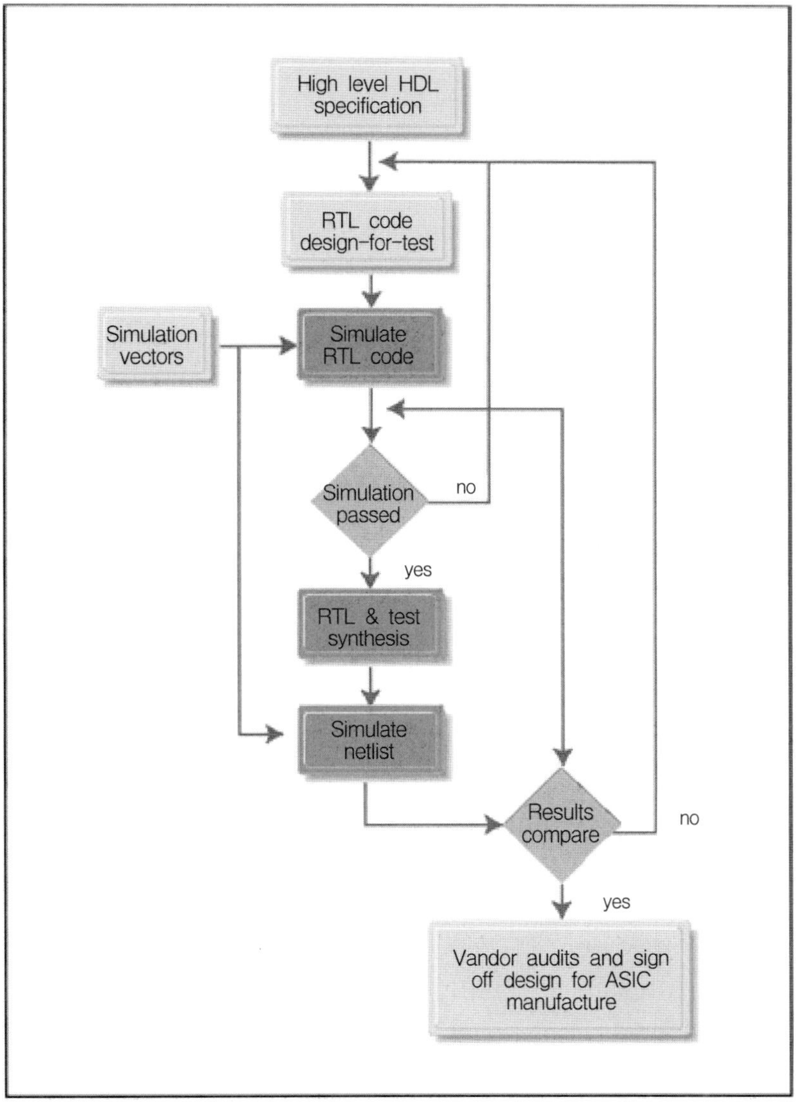

1.3.2 VHDL & Verilog를 이용한 설계

지금까지 우리는 이러한 HDL을 이용한 개발 방식에 대해 평가해 보았다. 그렇다면 다음으로 이러한 HDL을 이용한 설계 절차에 대해 살펴보자. 앞서 설명한 디지털 회로의 구현 방법과 비교해 보면 FPGA/CPLD를 이용한 구현을 하드웨어 기술 언어를 통해서 한다고 보면 될 것이다. HDL은 하드웨어의 동작을 동작적 모델(Behavioral Modeling)의 관점에서 구현하는 것을 가능하게 한다. 즉 이는 일반 소프트웨어의 알고리즘적 관점에서의 구현과 크게 다르지 않는 것을 나타낸다.

1.3.2.1 절차적 설계와 기능적 설계

하드웨어 기술언어를 이용한 코딩 방법에는 크게 기능적 방법과 절차적 방법으로의 두 가지 방법이 있을 수 있다. 먼저 알아 볼 기능적 설계에 있어서는 회로의 접속 관계만을 프로그래밍한다. 다시 말하면 네트리스트들간의 접속만을 고려한다. 따라서 기능적 방법에 의한 설계 시에는 일단 기본적으로 각 모듈들이 연결되어 있는 형태의 묘사에 주력한다. 간단한 예를 들어 이 두 가지 방법의 차이를 살펴보자. 가령 a, b의 두 입력을 받아서 이를 논리적 and를 수행해 그 결과를 c로 출력한다고 할 때 기능적 설계에서는 입력 a, b와 출력 c 그리고 이들을 논리적으로 and 시킬 특정 AND 게이트를 사용한다. 그리고 이들의 상호 게이트 포트 간 맵핑을 통해 동작을 묘사한다.

하지만 이에 반해 절차적 방법은 단순히 일반 소프트웨어 프로그램에서와 마찬가지로 입력 a와 b를 논리적 연산 and를 수행한 후 이 결과를 c에 대입하는 형식을 띈다. 코딩상의 큰 차이점이라 할 수 있겠다.

일반적으로 초기 설계 시에는 절차적 방법에서부터 코딩을 시작한다. 이는 하향식 설계(Top-Down) 철학과도 일치하는 개념이다. 그리고 이렇게 코딩을 해야 특정 하드웨어 기술 종속에서부터의 독립을 띌 수 있는 것이다. 그리고 이를 시뮬레이션을 통해 검증하는 작업을 거친 후 합성기가 전 처리 합성 과정에서 기능적 코드 형식인 RTL 코드로 변환시켜 준다. 이것이 가장 일반적인 코딩의 형태이다. 이렇게 크게 절차적, 기능적 설계 방식으로 구분되는 것을 요약하면 <그림 9>와 같다.

<그림 9> 디자인의 각 레벨별 구분

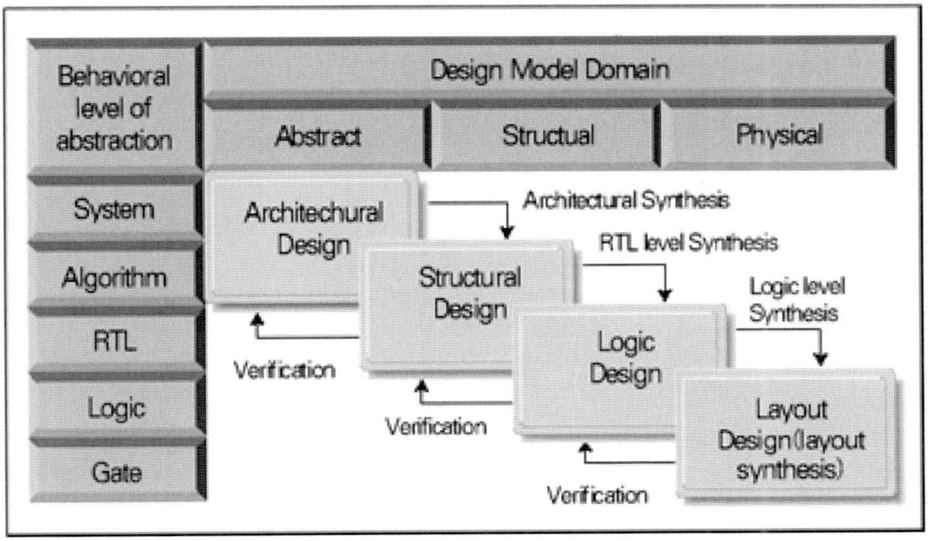

<그림 9>에서 보듯이 추상화의 단계에는 크게 5계층이 존재한다. 사실상 이들의 분류에는 명확한 기준이 있는 것은 아니고 또한 그 경계도 애매하다. 그러나 현재 널리 사용되고 있는 용어들이기 때문에 개념적으로 이해하기 바란다. 시스템 레벨은 가장 추상화의 정도가 높은 레벨이다. CPU의 파이프라인이나 캐시 등 시스템내의 기능을 표현한 레벨이다.

다음으로 알고리즘 레벨은 동작적 레벨이라고도 하는데 여기서는 회로의 동작이나 움직임을 표현하는 레벨이다. 회로에서 블록이라는 개념은 현재 이 레벨에서는 존재하지 않으며, 앞서 설명한 절차적 설계 단계에 해당하는 레벨이다.

다음 단계로서 RTL 레벨은 레지스터간의 동작을 표현한 레벨로서 알고리즘 레벨에 비교해 블럭의 개념을 포함하고 있는 레벨이다.

다음으로 로직 레벨은 플립플롭이나 각종 게이트의 회로를 표현하는 레벨에 해당한다. 특히 이 레벨은 종래의 회로도를 입력하고 그리는 방식의 설계에 해당하는 레벨이기도 하다.

끝으로 스위치 레벨은 게이트 레벨이라고도 불리는데 추상화된 측면에서는 가장 그 정도가 낮은 레벨로 가장 물리적인 레벨이라 할 수 있다. 실제 MOS 회로나 트랜지스터 등의 레이아웃 설계에 관여하는 레벨이기도 하다.

<그림 10> 절차적 관점에서 본 분류

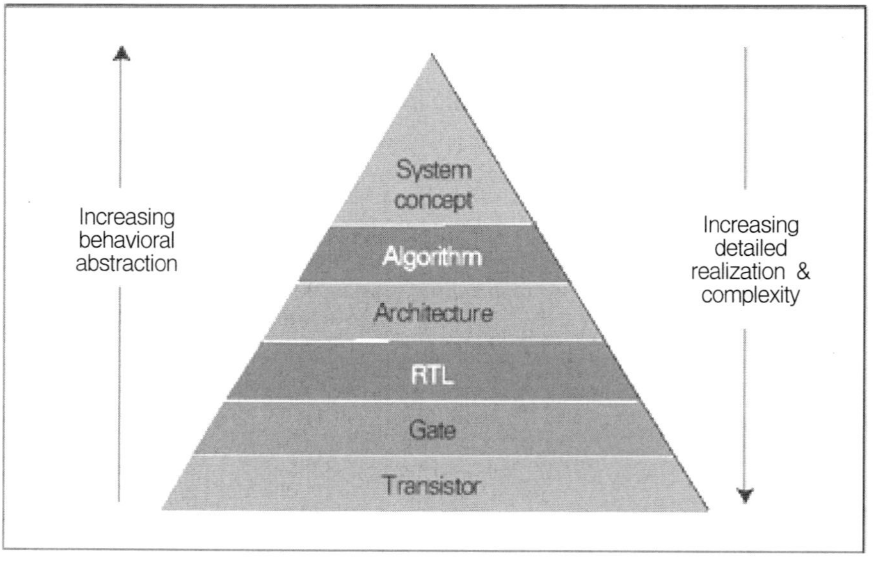

<그림 10>에서는 또 다른 관점에서 분류하고 있다. 즉 절차적 관점에서 상호 디자인 단계별 구분을 피라미드 형식으로 하고 있다. <그림 9>와 마찬가지로 크게 디자인의 단계는 시스템, 알고리즘, 아키텍처, RTL, 게이트, 트렌지스터의 단계로 나눠짐을 볼 수 있다. 상위의 레벨로 올라올수록 절차적 묘사에 대한 추상화의 정도가 높아지며, 이에 반해 하위 레벨로 내려 갈수록 절차적 묘사에 대한 추상화의 정도는 낮아지고 상대적으로 보다 더 물리적이고 실제적인 측면에서의 복잡도가 증가함을 알 수 있다. 또한 알고리즘과 아키텍처의 영역에 해당하는 절차적 모델링은 일반 시스템 개념과 상당히 인접해 있음을 볼 수 있다. 즉 피라미드의 상단부로 올라올수록 보다 더 동작적인 시스템 묘사가 가능하다는 말이며, 하단부로 내려갈수록 실제 구현에 관련된 로직, 회로, 레이아웃과 관련이 있다는 말이 된다.

이제 이절의 끝으로 지금까지 우리가 논한 주제에 대한 거시적인 관점을 고려해 보자. 이에 대한 묘사가 <그림 11>에 나타나 있다. 어쩌면 지금까지 설명하고자 한 모든 것이 이 그림에 축약되었다고 해도 과언이 아닐 것이다. 그림의 볼록한 가운데 부분부터 살펴보자. 가운데 부분의 게이트는 우리가 원하는 동작을 수행토록 작성한 회로도를 의미한다. 그리고 우리는 이러한 회로도를 하드웨어 기술 언어라는 것을 이용해 구현하자고 하였다. 이렇게 작성된 회로도는 합성의 전 처리 과정인 RTL 합성 과정을 거쳐서 구조적 디자인의 형태인 RTL 코드로 변환된다. 이 RTL 코드는 실제 합성 단계를 거쳐서 ASIC 혹은 FPGA 형태로 구현된다. 그리고 이렇게 구현된 ASIC 혹은 FPGA들은 일반 목적용 모듈들, 즉 CPU나 메모리 등과 함께 PCB 상에 부착되어 구현된다. 즉 하드웨어 기술 언어에서 시작한 제작의 과정이 PCB 보드의 형태로 최종 산물이 나오는 것이다. 그림의 볼록한 부분의 아랫부분 역시 각 회로의 실질적인 구현이라 할 수 있을 것이다. 즉 우리가 구현하고자 하는 게이트 혹은 레지스터들의 종류는 우리가 선택한 특정 하드웨어 업체별로의 다양성을 가질 수 있을 것이고 이에 따라서 약간씩 그 레이아웃이 달라질 수 있다. 그리고 각각의 게이트, 레지스터들은 실제 물리적으로 MOS 혹은 트랜지스터 회로의 형태로 구현되어질 것이다.

<그림 11> 전체적인 관점에서 본 하드웨어 설계의 계층적 구분

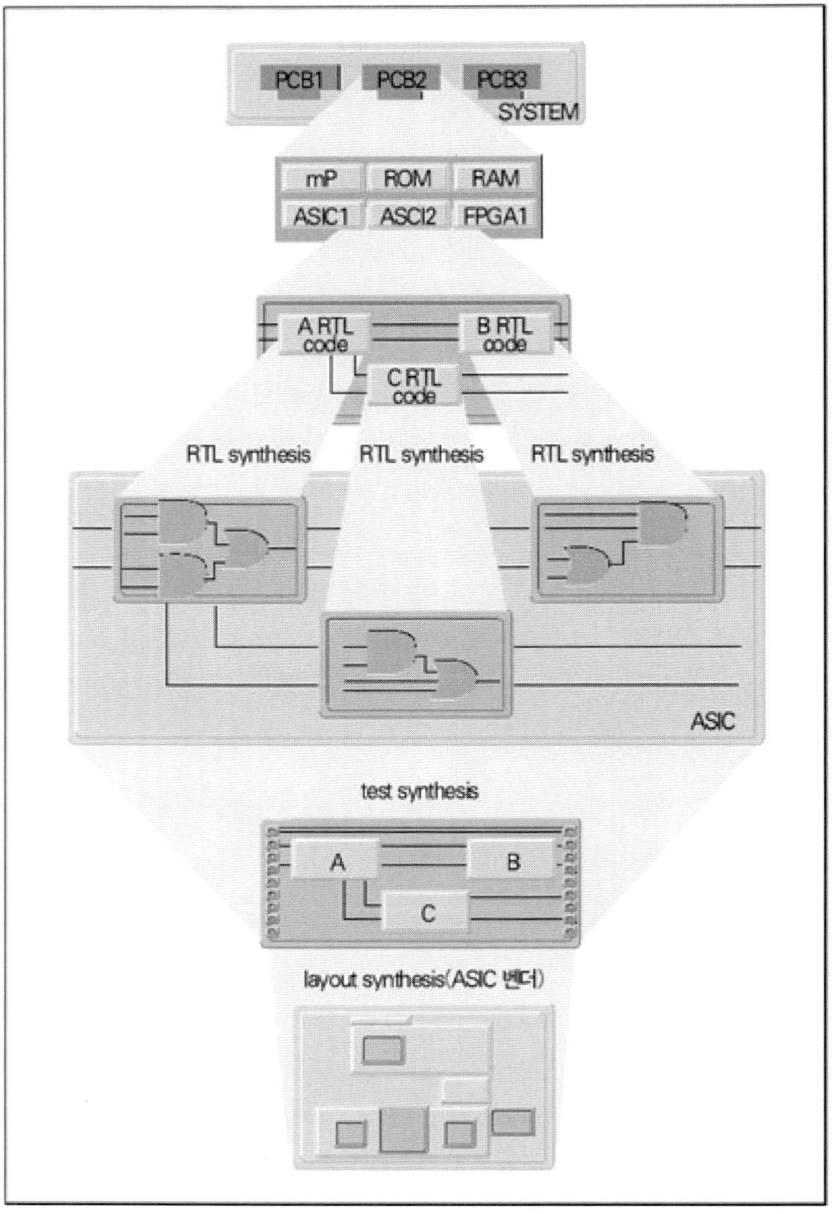

1.4 독특한 사고방식의 하드웨어 기술언어, HDL

지금까지 우리는 디지털 시스템의 일반적인 설계 방법에 대해서 같이 생각해 보았다. 그리고 소개한 여러 설계방법 중에서 하드웨어 기술 언어를 이용한 설계 방법에 대해서 HDL을 예로 들면서 좀 더 자세히 알아보았다. 이제 1장의 내용을 통해 여러 가지 하드웨어 설계 기법 중에서 하드웨어 기술언어를 이용한 디지털 시스템의 설계 방법에 대한 그 윤곽을 잡을 수 있었을 것이다. 2장에서는 실제로 하드웨어 기술 언어의 내부를 들여다 보겠다. 하드웨어 기술 언어의 문법과 프로그램 방법, 특히 일반 소프트웨어 코딩과는 다른 하드웨어 기술 언어만의 독특한 사고방식에 대해 알아보고 끝으로 예제를 통한 하드웨어 모듈의 시뮬레이션을 추후의 장들을 통해 수행해 보도록 한다.

2장 하드웨어 기술언어

지금까지 우리는 하드웨어를 디자인하는 다양한 방법에 대해 살펴 보았다. 특히 주문형 반도체를 이용한 구현 방법 중에서도 반주문형 방식의 프로그래밍 가능한 소자를 이용한 구현 방법에 대해 보다 자세히 알아 보았다. 이제 본격적으로 하드웨어 기술언어를 이용한 디지털 시스템의 구현 방법을 알아 볼 차례다. 이번 장에서는 대표적인 하드웨어 기술 언어인 VHDL과 Verilog의 문법과 프로그래밍 방법을 설명하고, 간단한 예제를 통해 그 사용법을 익혀보자.

2.1 하드웨어 기술 언어 HDL의 세계

HDL은 기본적으로 ASIC과 같은 대규모 집적 회로의 설계 시에 주로 사용되는 언어로서, 기존의 하드웨어 설계 시 필요한 회로도 입력의 번거로움을 대신해 단순히 코딩 형태의 텍스트를 입력함으로서 하드웨어의 동작을 묘사할 수 있게끔 설계된 하드웨어적 측면의 프로그래밍 언어라 할 수 있다. 이러한 HDL은 회로의 연결 정보를 포함 할 뿐만 아니라 기존의 C 언어와 같은 프로그래밍 언어로서의 성격도 가지고 있어 매우 다양한 하드웨어 기술 방법을 제공한다.

또한 프로그래밍 언어의 외향만 따지자면 소프트웨어 프로그래머들에게는 가장 친숙하다고 할 수 있는 C 언어와 유사한 형태를 나타낸다. 차이가 있다면 C

언어는 소프트웨어의 특성상 모든 문장이 순차 구문으로만 구성된 반면 HDL은 순차 구문 이외에 병렬 구문과 하드웨어 특유의 시간(timing) 개념이 있다는 것이다. 이는 비단 특정 HDL만의 특성이라 할 수 없으며, 일반 하드웨어 기술 언어는 모두 이와 같은 기본적인 특징을 가지고 있다.

그럼 이제부터 HDL의 특징에 대해 자세히 살펴보자. HDL은 다음과 같은 특징들을 가지고 있다.

◆ 하드웨어 기술 언어로서의 표준화된 형태 제공 : 기존의 여러 하드웨어 기술 언어들이 존재하는 가운데 회사 마다 각각 다르게 설계하던 다양성을 표준화된 VHDL/Verilog이 등장함으로서 자료 교환, 보관, 문서화 등을 통일할 수 있게 되었다.

◆ 특정 프로세스 기술에 의존하지 않는 기술 독립적 형태를 제공 : 특정 설계 기술이나 제조 공정과는 무관하게 제품을 설계할 수 있다.

◆ 상위 레벨 언어 형태의 제공 : VHDL/Verilog는 고급 프로그래밍 언어(HLL, High Level Language)와 같은 원리에 바탕을 두면서 하드웨어적 특징을 부가하여 표현 능력을 확장시켰다.

◆ 광범위한 설계 범위의 지원 : 간단한 하드웨어 모듈의 구현에서 뿐만 아니라 VLSI 수준의 고밀도 집적 회로의 설계시에도 용이하게 사용된다.

◆ 하향식(Top-Down) 설계 방법의 지원 : 하향식 형태의 설계 방식을 지원해 보다 복잡한 회로에 대한 설계 기간을 줄이고, 설계 과정에서 발생하기 쉬운 오류에 대한 수정 작업을 쉽게 해준다.

◆ 여러 가지의 설계 기법의 구현 : 대규모의 디지털 시스템에 대한 명세의 기술, 설계, 시뮬레이션 등의 프로그램이 가능해서 여러 가지 설계 기법을 적용할 수 있다. 즉 계층적 설계의 지원, 동기식/비동기식 설계 등이 가능하다.

◆ **폭 넓은 기술 범위** : 시스템 레벨에서부터 논리회로 레벨까지 하나의 언어로서 모두 기술이 가능하다.

◆ **복수 설계 그룹에 의한 공동 개발 가능** : 공동 라이브러리의 구축, 계층적 설계 등을 이용함으로 다수의 그룹이 포함된 공동의 개발이 가능하다.
하지만 이와 같은 특징에도 불구하고 HDL의 문제점도 있다. 하지만 다음에 살펴볼 문제점 또한 HDL 내적인 요인이기 보다는 설계자나 설계환경과 연관된 외적 요인이 많다. HDL의 사용상의 난점이라면 다음과 같은 것들을 들 수 있다.

◆ **문법의 복잡성** : HDL은 비교적 복잡한 언어이다. 이는 소프트웨어 언어적 관점에서 보면 큰 문제는 안 되지만 기존의 하드웨어 제작자적 입장에서는 새로운 언어를 익히는 것이 꽤 번거로운 일이 될 수 있다.

◆ **급격한 설계 방식의 변화 요구** : 기존의 상향식(bottom-up) 설계에 익숙한 제작자에게는 급작스런 설계 방식의 변화에 무리가 따를 수 있다. 이는 새로운 설계 환경의 도입이 필요함을 의미하며, 또한 설계 방법의 교육과 같은 이차적 비용이 추가적으로 발생할 수 있음을 뜻한다.

◆ **최적화 도구의 지원 필요** : HDL은 하드웨어를 기술해 이를 시뮬레이션하기 위해 만들어진 언어이므로 설계자들의 또 다른 관심사라 할 수 있는 정확한 타이밍의 예측 및 임계 경로 등의 계산이 어렵다는 문제점이 있다. 다시 말해 HDL은 하나의 언어로서의 가치가 있을 뿐 정작 그 언어가 사용될 환경이 충분히 지원되지 않는다면 빛 좋은 개살구에 불과하다는 것이다. 설계에 필요한 합성 도구와 최적화 도구의 지속적 지원이 필요하다는 뜻이다.

◆ **비효율적 회로의 생성 가능성** : HDL로 설계한 후, CAD 툴이 합성한 논리회로는 사람이 직접 설계한 게이트 레벨의 회로보다 그 규모면에서 큰 경우가 종종 발생한다. 이 역시 최적화 도구의 지속적인 발전과 지원이 필요시 되는 부분이다.

<그림 1> 하드웨어 디자인과 프로그래밍 언어적 디자인

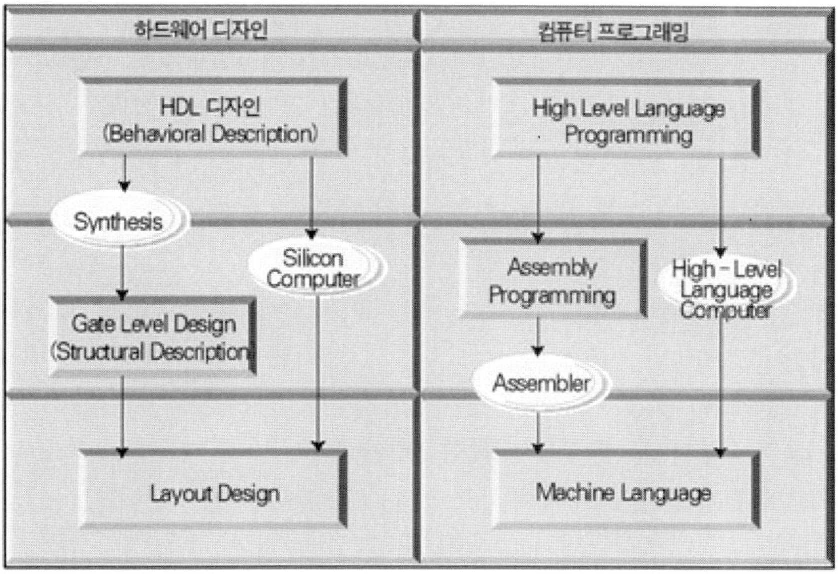

<그림 1>은 HDL을 이용한 설계와 기존의 프로그래밍 언어를 이용한 소프트웨어 제작에 있어 설계상의 차이점과 유사점을 나타내는 것이다. HDL을 이용한 하드웨어 디자인도 일반 소프트웨어 언어적인 특징을 가지고 있어 그 처리 과정이 소프트웨어의 그것과 비교해 볼 때 컴퓨터 프로그래밍과 용어적인 차이가 있을 뿐 설계상의 절차를 비교하면 크게 차이나지 않는다.

일단 절차적 설계 방식으로 작성한 HDL 코드는 소프트웨어적 측면에서 볼 때 프로그래밍 이후 컴파일 과정을 거치듯이 하드웨어적인 전처리 합성(Pre-Synthesis) 과정을 거친다. 이렇게 해서 생긴 결과물은 게이트와 RTL 레벨의 구조적 형태의 코드이다. 이 부분은 컴퓨터 프로그래밍 부분의 어셈블리 프로그래밍에 해당되는 부분이라 할 수 있을 것이다. 그리고 이를 어셈블러를 통해 실제 하드웨어가 인식할 수 있는 기계어로 바꿔준다. 이에 대응하는 HDL을 이용한 하드웨어 디자인에서는 이러한 게이트 레벨의 코드를 본 합성 과정을 거처 네트리스트(netlist)로 결과물을 만들고 이를 이용해 레이아웃에서 실제 구현 작업을 수행한다.

한 가지 부연하자면 HDL에서는 처음 초기의 코딩 단계로서 절차적 명세(behavioral description)에 의한 프로그래밍을 수행하고 이를 다시 게이트와 RTL 레벨의 구조적 명세(structural description)에 의한 프로그래밍으로 변환했지만, 사실 HDL을 이용해 직접 처음부터 구조적 명세에 의한 게이트와 RTL 레벨의 프로그래밍을 할 수 있다. 이는 소프트웨어적 측면에서 볼 때 C/C++와 같은 상위 언어를 이용하지 않고 일반 어셈블리 언어를 직접 사용해 프로그래밍 하는 것과 같이 서로 비교해 설명될 수 있다. 이 또한 하드웨어와 소프트웨어 분야의 프로그래밍 방식의 유사성을 보여주는 좋은 예라 할 수 있을 것이다. 지금까지 우리는 HDL이 가지는 장점과 나름대로의 문제점, 그리고 소프트웨어의 그것과 비교했을 때의 차이점과 유사점에 대해 알아봤다. 지금까지의 설명을 통해 기본적인 HDL의 특징을 이해했으리라 보고, 이제 다음으로 하나의 언어로서 VHDL 및 Verilog에 대해서 본격적으로 알아보자.

2.2 하드웨어 기술 언어 VHDL

지금부터 HDL 언어로서의 VHDL을 살펴보자. 즉, 실제 VHDL을 사용하는데 필요한 기본적인 사항을 사용 방법과 주의 사항 위주로 알아보기로 한다. 먼저 VHDL에서 사용하는 식별어(identifier), 예약어(reserved word), 그리고 주석(comment)에 대해 알아보자. 이제 설명할 세 가지 용어는 일반 소프트웨어 프로그래밍에서도 형태와 상황은 다르지만 같은 의미를 가진다. 참고로 VHDL에서는 알파벳의 대소문자를 구분하지 않는다.

2.2.1 식별어

식별어는 일반 프로그래밍 언어에서와 마찬가지 의미를 지닌다. VHDL에서는 엔터티(entity) 이름, 아키텍처 몸체(architecture body), 포트(port) 그리고 함수(function)등을 정의하기 위해 사용된다. 이제 막 나열한 구체적인 용어에 대해서는 뒷부분에서 하나씩 알아 볼 것이다. 일반 프로그래밍 언어의 그것과 마찬가지로 VHDL도 식별어의 첫 번째 문자는 반드시 영문으로 시작하며 두 번째 문자부터 영문자 및 숫자 그리고 언더바(_)등이 올 수 있다.

2.2.2 예약어 또는 키워드

예약어는 VHDL 구문에서 미리 그 의미가 지정되어 있는 문자열로서 예약어는 식별어로 사용될 수 없다. 보통 사용자는 프로그램 편집기 상에서 이러한 예약어와 식별어를 구분하기 위해서 식별어는 대문자로, 예약어는 소문자로 사용하는 방식의 나름대로의 통일성을 가지고 프로그래밍하기도 하고, 특히 CPLD나 FPGA 제조 회사에서 제공하는 문서 편집기를 이용할 경우 시각적으로 서로 다른 색깔을 사용함으로서 이를 구분해 주는 경우도 있다. <표 2.1>에 VHDL에서 제공하는 예약어가 알파벳 순서로 정렬되어 있다. 참고하기 바란다.

<표 2.1> VHDL의 예약어

abs	access	after	alias	all	and
architecture	array	assert	attribute		
begin	block	body	buffer	bus	
case	component	configuration	constant		
disconnect	downto				
else	elsif	end	entity	exit	
file	for	function			
generate	generic	guarded			
if	in	inout	is		
label	library	linkage	loop		
map	mod				
nand	new	nor	not	null	
of	on	open	or	others	out
package	port	procedure	process		
range	record	register	rem	report	return
select	severity	signal	subtype		
then	to	transport	type		
unit	until	use			
variable					
wait	when	while	with		

2.2.3 주석

VHDL에서 주석은 --로 표시된다. 여느 프로그래밍 언어에서와 마찬가지로 이러한 주석문은 VHDL의 수행에는 아무런 영향을 미치지 않는다. 프로그래밍에서의 습관이라고 할 수 있겠으나 프로그래머나 설계자에 따라서 주석을 활용하는 부류와 그렇지 않는 부류의 사람들이 확연히 구분되어지는 경우가 종종 있다. 올바른 프로그래밍 습관은 가급적 주석문을 많이 활용해 이를 문서에 포함토록 하는 것이다. 이는 프로그래밍의 양이 방대해지고 또 개발 기간이 길어짐에 따라 문서화에도 도움이 돼 프로그래밍할 때 이점으로 작용한다.

기타 VHDL을 사용할 때는 다음과 같은 주의 사항들이 있다.

◆ 모든 알파벳은 대문자와 소문자를 구별하지 않고 똑같이 취급한다. 따라서 변수 선언이나 사용시에 이에 대한 혼란이 없도록 한다.
◆ 주석은 마이너스(-) 두 개로 시작하며, 그 줄 끝까지만 유효하다.
◆ 한 문장은 세미콜론(;)으로 끝나야 한다.
◆ 식별어가 한 라인을 넘길 수 없다.
◆ 식별어 중간에 공백을 사용할 수 없으며, 여러 개의 식별어 나열시에는 콤마(,)로서 구분한다.
◆ 식별어의 처음 부분에 언더바(_)를 사용할 수 없으며, 연속된 두 개의 언더바, 마지막 문자로의 언더바를 사용할 수 없다.

참고 자료

예약어와 키워드

예약어(reserved word)와 키워드(keyword)가 주로 같은 의미로 사용되는 경우가 많다. 그리고 사실 이것이 틀린 말은 아니다. 하지만 엄밀한 의미에서 보면 이 두 용어 사이에는 분명한 차이가 있다. 예약어는 프로그래밍을 할 때에 미리 그 '사용처'가 정해져 있어 이를 식별어로서 사용할 수 없음을 나타낸다. 이에 반해 키워드는 해당 언어에서 그 '의미'가 미리 정해져 있는 문자열을 뜻한다. 즉 키워드의 경우 의미만 지정되어 있을 뿐이지 그 사용처가 미리 정해져 있다는 말은 아니다. 따라서 키워드는 식별어로서 사용할 수 있다. 예를 들면 'if'라는 것이 예약어가 아닌 키워드로 사용될 경우 변수의 이름으로도 사용될 수 있음을 의미한다. 하지만 상식적으로 생각해 볼 때 키워드를 예약어로 인정하지 않을 경우 프로그래밍의 가독성을 떨어뜨려 상당히 읽기 난해한 코드 형태가 될 것이다. 따라서 요즈음 대부분의 프로그래밍 언어들은 이러한 키워드를 예약어로서 사용하기 때문에 정의 상 이들 사이에는 차이가 있긴 하나 오늘날 두 용어를 사실상 같은 의미로 사용하고 있다.

2.2.4 VHDL의 기본 구성

보통 CAD 툴을 이용해 회로를 설계할 때는 <그림 2>와 같이 몇몇 심벌들을 사용해 제작한다. 이러한 캐드로 디자인한 회로도에서 볼 때 심벌에 해당하는 부분, 즉 입출력의 설계에 해당하는 부분이 VHDL에서는 엔터티를 선언하는 부분이 된다. 그리고 이러한 엔터티의 내부 설계, 즉 심벌의 내부 회로도에 해당하는 부분이 아키텍처 몸체에 해당하며 이 몸체 내부에서 실제 그 모듈의 구현이 이뤄진다. 이와 같이 VHDL은 그 기본 골격으로 엔터티와 아키텍처 몸체를 가진다. 보다 더 직관적인 블럭 형태로 이를 도식화한 것이 <그림 3>이다.

이러한 <그림 3>과 같은 기본 골격을 보다 더 자세히 이해하기 위해 간단한 형태의 VHDL 코드가 다음과 같이 제시돼 있다. 우리가 살펴볼 첫 번째 VHDL 코드이다. 이 코드는 <그림 2>에 해당하는 회로를 묘사한 코드이다. 코딩 방법적 측면에서의 설명은 차차 이야기할 것이며 우선 그 골격을 눈여겨보기 바란다.

<그림 2> CAD 회로도에서의 엔터티와 아키텍처

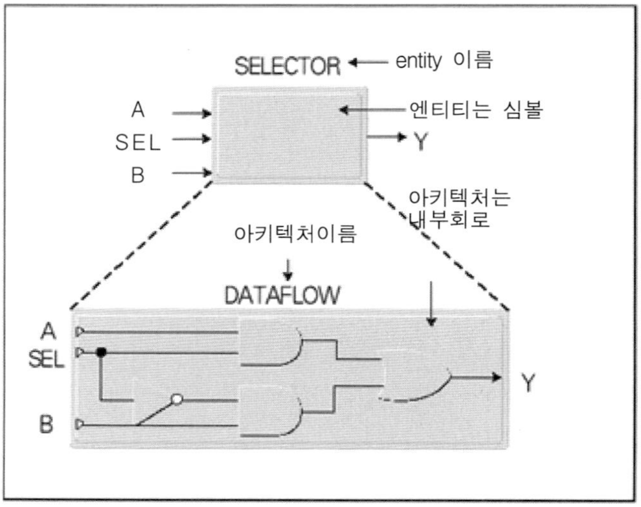

<그림 3> VHDL의 기본 골격

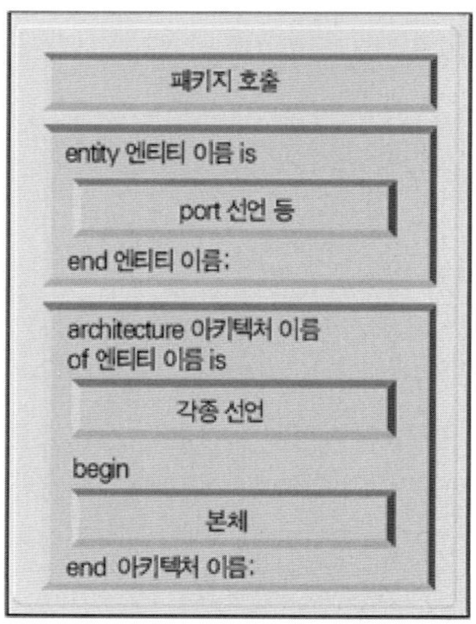

<그림 2>를 VHDL로 묘사한 코드

```
library ieee;
use ieee.std_logic_1164.all;                -- 이상 사용할 라이브러리의 선언
entity SELECTOR is                          -- SELECTOR는 엔터티의 이름
   port( A,B : in std_logic;                -- 사용할 핀들의 정의
      SEL : in  std_logic;
      Y : out  std_logic );
end SELECTOR;

architecture DATAFLOW of SELECTOR is        -- DATAFLOW는 아키텍처의 이름
begin
  Y <= (SEL and A) or (not SEL and B);      -- 구현하고자 하는 기능의 논리식
end DATAFLOW;
```

첫 번째 VHDL 예제이니 만큼 소스 코드에 대해 간단히 알아보자. 우선 library라는 예약어가 있다. 이는 C 프로그래밍의 include문과 비슷한 것으로 본 예제에서는 ieee에 해당하는 라이브러리를 코드 내에 불러와 사용하겠다는 의미이다. 즉 라이브러리를 선언하는 부분이다. 그 다음에 나와 있는 use 문장은 이 라이브러리의 사용 범위를 설명하는 문장이다. 즉 해당 라이브러리의 무엇을 가져와 사용할지를 나타낸다. 이러한 엔터티 앞에 쓰여진 library의 선언은 하나의 엔터티 선언, 혹은 그에 부속되어 있는 아키텍처, 구성(configuration)까지 영향을 미친다. 또한 use 문은 하나의 파일 내에 두 개 이상의 엔터티 선언이 있는 경우에도 필요하다.

다시 코드로 돌아가자. 그 다음으로 나와 있는 것이 바로 엔터티이다. 여기서는 SELECTOR라는 엔터티를 선언하고 있다. 즉 SELECOTR가 엔터티의 이름인 것이다. 그리고 그 엔터티 내부에는 A, B, SEL, Y라는 포트들이 존재한다. 그리고 비로소 아키텍처 내부에 이 SELECTOR라는 엔터티 모듈이 수행하는 동작이 묘사되어 있다. 즉 코드 내부의 구현하고자 하는 기능의 논리식이 여기에 해당된다.

지금까지 우리는 VHDL의 첫 번째 예제로서 <그림 2>를 VHDL로 구현한 코드를 알아봤다. 지금부터 하나씩 VHDL의 세부 요소에 대해서 설명할 것이다. VHDL을 이용해 하드웨어적으로 표현하기 위해서는 앞서 설명한 엔터티와 아키텍처 이외에 몇 가지의 구성 요소가 더 있다. 엔터티와 아키텍처 이외에 것을 함께 비교해 나가면서 살펴보자.

2.2.4.1 엔터티 선언 단위

앞서 설명했듯이 엔터티 선언(entity declaration)은 설계 회로의 입출력과 모듈의 외부 인터페이스를 정의한다. 하나의 회로에는 하나의 엔터티 선언만이 존재하는 반면에 표현하는 방법에 따라서 여러 개의 아키텍처 몸체가 존재 할 수 있다. 기본적으로 몸체 내부에서는 절차적 모델링과 구조적 모델링이 가능하며 추가적으로 설명될 자료 흐름적 모델링도 할 수 있다. 각각의 모델링 기법에 대한 예제는 뒤에서 살펴보기로 한다.

```
-- 엔터티 선언문의 형식
entity 인티티_이름 is
  [generic (범용문_표시자);]
  [port (포트_리스트);]
    {선언문}
     { begin(문장) }
end [엔터티_이름];
```

엔터티의 입출력을 정의함에 있어 VHDL에서 사용할 수 있는 신호의 종류는 총 다섯 가지가 있다. <그림 4>에서와 같이 나타난 신호의 흐름은 다음과 같다.

- ◆ in : 신호가 해당 엔터티로 입력이 되는 경우에 사용된다.
- ◆ out : 해당 엔터티에서 신호가 출력되는 경우에 사용된다.
- ◆ inout : 신호가 해당 엔터티로 들어가고 나가는 경우에 사용한다. 즉 양방향성 포트에 사용된다. 이 때 다수 개의 소스로부터의 업 데이트가 가능하다.

◆ buffer : 출력 기능에서 신호를 엔터티 내에서 다시 읽는 기능을 추가한 것이다. 즉 출력을 내부에서 다시 사용할 수 있도록 한 것이다. 이때 업데이트 시키는 소스는 하나로 제한된다.

◆ linkage : 단순히 연결만 되어 있는 상태이다. 위의 어느 경우에도 해당되지 않고 단지 포트로만 연결되어 있는 경우이다.

<그림 4> 포트문과 신호 흐름의 방향

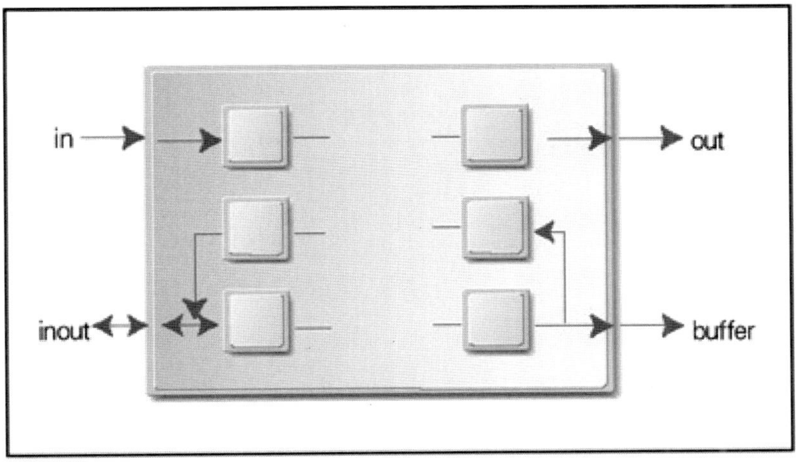

2.2.4.2 아키텍처 몸체 단위

아키텍처 몸체는 하드웨어 내부와 내부 회로들의 연결, 동작, 구조 등을 표현한다. 그리고 이 아키텍처 내에는 하드웨어 특유의 병행문이 포함된다. 이는 하드웨어적 특징이라 할 수 있다. 즉 아키텍처 몸체 내에서 프로그래밍 된 병행문은 하드웨어상의 네트리스트와 같은 의미로서 수행되기 때문에, 코드 내의 실제 위치상 선후 관계와 실행 순서와는 아무런 상관이 없다. 소프트웨어 프로그래밍과의 중요한 차이점이라 하겠다. 이외에도 VHDL은 하드웨어 기술 언어임에도 불구하고 일반 언어에서와 마찬가지로 순차문을 지원하고 있다. 이러한 순차문은 프로세스문 내에서만 기술될 수 있다.

```
-- 아키텍처 몸체의 구성 형식
architecture 아키텍처_이름 of 엔터티_이름 is
```

```
  {선언문}
   begin
      문장 내부의 동작적 표현;
end [아키텍처_이름];
```

2.2.4.3 패키지 선언 단위와 몸체 단위

VHDL에서 자료형과 부 프로그램 등을 하나의 파일로 만드는 것을 패키지라고 한다. 이러한 패키지는 자료형과 함수, 프로시저 등을 중복으로 선언하거나 기술하지 않고 한번만 기술하여 이를 여러 설계에서 공동으로 사용토록 모아둔 것을 의미한다. 일반 프로그래밍 언어의 라이브러리 및 헤더 파일과 같은 개념이라고 해도 될 것이다. 이러한 패키지도 엔터티와 아키텍처처럼 각각 선언과 몸체의 단위로 구분된다. 패키지 선언(package declaration)에서는 외부에서 필요한 데이터 타입이나 부 프로그램 등을 선언하는 것이고, 몸체는 패키지 선언 부분에서 정의한 부 프로그램의 구현을 담당하는 부분이다.

```
-- 패키지 선언 형식
package 패키지_이름 is
  {선언문}
end 패키지_이름
-- 패키지 몸체
package body 패키지_이름 is
   {구현 문장}
end 패키지_이름;
```

2.2.4.4 구성 선언 단위

끝으로 알아볼 단위는 구성 선언(configuration declaration) 단위이다. 구성 선언 단위에서는 기본적으로 엔터티와 아키텍처 간에 상호 연결을 표현한다. 보통 하나의 엔터티는 여러 개의 아키텍처를 가질 수 있으며, 각각의 아키텍처는 여러 형태의 동작 표현으로 구성될 수 있다. 이런 동작의 특성을 따로 표현하거나 현재의 파일에서 사용한 동작의 표현을 기술할 수 있게 만든 것이 구성이다. 이러한 구성 선언은 설계한 회로의 상태를 간단히 설명해 주며, 이 특성을 이용해 계층 구조 형식의 하향식 설계 회로를 시뮬레이션이나 합성시 이미 별도로 합성된 다른 파일과 연결시켜 주는 역할도 한다. 링커(linker)와 비슷한 역할이라 할 것이다.

```
-- 구성 선언 형식
configuration 구성_이름 of 엔터티_이름 is
  [use 관련문 | Attribute 지정]
  block_configuration
end [configuration] [구성_이름];
```

지금까지 우리는 VHDL의 기본 구성에 대해 살펴봤다. 첫 예제를 통해 VHDL 프로그래밍의 맛보기를 했으며, 이를 바탕으로 VHDL의 기본적인 설계 단위까지 알아봤다.

이상에서 설명한 각각의 설계의 단위를 전체적인 관점에서 보면 <그림 5>와 같이 나타낼 수 있다. 즉 설계의 단위를 1차 단위와 2차 단위로 크게 구분했을 경우, 1차 설계 단위로 패키지와 엔터티 그리고 구성부분의 선언을 해 준다. 그리고 각각의 선언 단위에 해당하는 부분을 2차 단위인 몸체 부분에서 구현해 나가게 된다.

<그림 5> 각 단위별 설계

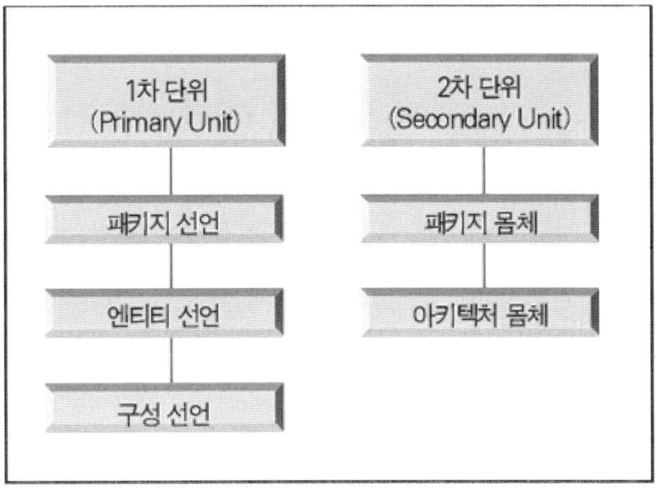

2.2.5 객체와 연산자

설계의 각 단위를 알아봤으니 이제 다음으로 VHDL에서 제공하는 객체(object)와 연산자(operator)에 대해 알아보도록 하자. 객체는 주어진 특정 자료형(data type)의 값을 가질 수 있는 대상이 되는 것으로서, VHDL에서는 크게 시그널(signal), 상수(constant), 변수(variable)의 3가지 종류의 객체가 있다. 각각은 서로 다른 특징을 나타내므로 잘 구분해 사용해야 한다. 시그널은 우선 포트와 비교해 이해해야 한다(<그림 6>). 포트와 시그널은 그 기준이 내부 신호인가 외부 신호인가에 따라 구분된다. 즉 모듈 외부에서 사용할 경우는 포트로 선언해야 하며 내부에서만 사용될 경우는 시그널로 선언해야 한다. 이 밖에 시그널은 변수/상수와 비교했을 때 시간의 개념이 있다는 것도 중요한 특징이다.

<그림 6> 시그널의 의미

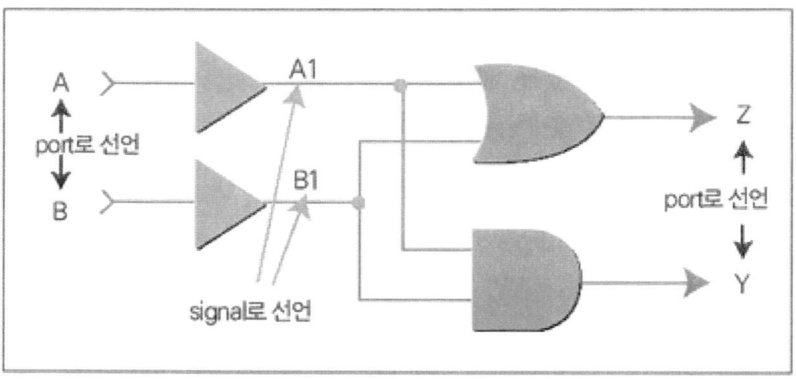

그 외에 변수와 상수는 일반 프로그래밍 언어의 그것과 동일하다. 상수는 한 번 정의되면 시뮬레이션 도중 그 객체의 값에 변경을 불허하는 객체이다. 이에 반해 변수는 값의 계산과 동시에 그 값이 변경되는 객체를 의미한다. '값이 변한다'는 것과 '동시'에라는 것이 변수의 중요 특징이다. 왜냐하면 변수와 비교해서 시그널은 값이 변하기는 하되 하드웨어의 특성상 일정한 전파 지연(propagation delay) 시간의 값을 가진 후에 그 값이 변하기 때문이고 변수는 이러한 지연 시간에 대한 개념이 없다는 것이다. 지금까지의 설명이 <표 2.2>에 요약돼 있다.

<표 2.2> VHDL의 객체형과 그 특징

객체형	의 미	변경 가능	시간 개념	선언할 수 있는 장소
signal	신호의 선언	가능	있음	architecture, package, entity
variable	변수의 선언	가능	없음	process, fucntion, procedur
constant	상수의 선언	불가능	없음	architecture, package, entity, process, function, procedure

이제 다음으로 VHDL에서 제공하는 연산자에 대해 알아보자. 연산자는 <표 2.3>에서 보는 바와 같이 크게 논리 연산자, 산술 연산자, 관계 연산자로 나뉜다. 그 외에 특수 연산자로서 연결 연산자, 부호 연산자, 기타 연산자 등이 있다. 이러한 연산자들 사이에는 그들 간의 우선순위가 존재한다. 역시 일반 프로그래밍 언어와 유사한 개념이라 할 수 있다. <표 2.3>에서는 논리 연산자가 가장 우선순위가 높다는 것을 의미한다.

이 밖에도 VHDL에서는 4개의 시프트(shift) 연산자와 2개의 회전(rotate) 연산자를 제공한다. SLL(Shift Left Logical)/SRL(Shift Right Logical)/SLA(Shift Left Arithmetic)/SRA(Shift Right Arithmetic)가 4가지 시프트 연산자에 해당한다. 시프트 연산은 크게 논리 시프트와 산술 시프트로 구분된다. 이때 논리 시프트와 산술 시프트의 차이는 이동 연산으로 인해 잘려 나가는(truncate) 비트 반대쪽의 새로 생기는 부분에 무슨 값을 채워 넣느냐에 따라 구분된다. 0을 채워 넣는 경우 논리 시프트 연산에 해당되며, 새로 생긴 그 이전 자리의 값을 그대로 채워 넣으면 산술 시프트에 해당한다. 그 외 ROL(Rotate Left Logical)/ROR(Rotate Right Logical)의 2가지 회전 연산자가 있다.

<표 2.3> VHDL의 연산자

구 분	종 류	의 미	우선순위
논리 연산자 (logical operator)	and or nand nor Xor	Logical AND Logical OR Logical NAND Logical NOR Logical Exclusive OR	6
관계 연산자 (relational operator)	= /= < <= > >=	Equal Not Equal Less Than Less Than or Equal Greator Than Greator Than or Equal	5
연결 연산자 (concatenation operator)	&	Concatenation	4
산술 연산자 (arithmetic operator)	+ -	addition Subtraction	
부호 연산자 (sign operator)	+ -	Unary Plus Unary minus	3
산술 연산자 (arithmetic operator)	* / mod rem	multiplication Division Modulus Remainder	2
기타 연산자	** abs not	Exponentiation Absolute Value Complement	1

2.2.6 동시처리문과 순차처리문

VHDL은 기본적으로 하드웨어를 기술하기 위한 언어이다. 이러한 하드웨어 기술 언어가 가지는 가장 큰 특징 중 하나가 동시 처리문이다. 이는 일반 프로그래밍 언어에서 존재하는 순차 처리문과는 상당한 차이가 있는 처리 방식이다. 일반 프로그래밍 언어에서는 특정 블럭, 가령 'begin ~ end' 사이에 있는 문장들이 <그림 7>의 (b)에서 보는 바와 같이 각각 순차적으로 수행된다. 이는 어쩌면 당연한 일인지도 모른다. 하지만 동시 처리문은 <그림 7>의 (a)에서 보는 바와 같이 모든 문장들이 동시에 처리된다. VHDL에서의 대표적 동시 처리문으로 'with select' 문과 'when else' 문이 있다.

순차 처리문은 인간의 사고방식과 유사한 특징이 있다. 그래서 어쩌면 동시 처리문을 지원하는 하드웨어의 프로그래밍이 어려운 것인지도 모르겠다. 그리고 이는 하드웨어 관련 프로그래밍 작업을 수행 할 경우 막연히 회로의 동작에 대한 논리적 묘사만으로는 우리가 원하는 적절한 하드웨어의 구현을 보장하지 못한다는 의미가 된다. 하드웨어의 각 모듈들은 일반적으로 클럭에 동기화되어 있다. 그리고 그 클럭의 동작에 맞춰 각 모듈이 필요할 경우 각각 적절한 행동을 취한다. 이 경우 각 모듈들은 동시에 행동을 취하게 되는 것이다. 즉 각각의 모듈들이 병렬적으로 동작한다는 의미이다. 그리고 이는 각 모듈뿐만이 아니라 모듈 내부에서도 얼마든지 병렬적으로 수행할 가능성이 있음을 나타낸다.

순차 처리문은 앞서 설명했듯이 문장이 나열된 순서대로 처리되며 순차 처리문의 처음에는 반드시 'process' 문을 사용해야 한다. 또한 순차 처리문에는 Sensitivity List라는 것이 포함돼 있다. 번역하면 신호 감지 목록이라는 표현이 적절할 것이다. 이는 순차 처리문에서 수행을 감지할 신호의 목록을 가지고 있는 리스트로서, 이 Sensitivity List 객체중 하나라도 그 값이 변화되면 process문이 수행되는 것이다. 이 때 process문은 첫 문장부터 process내의 마지막 문장까지 코딩상의 순서대로 한번만 수행한 후 다시 처음으로 돌아가는 형식을 띈다. 이러한 process문 내부에서는 일반 프로그래밍 언어에서와 같이 if문, case문, for문 등을 사용할 수 있다.

<그림 7> 동시 처리문관 순차 처리문

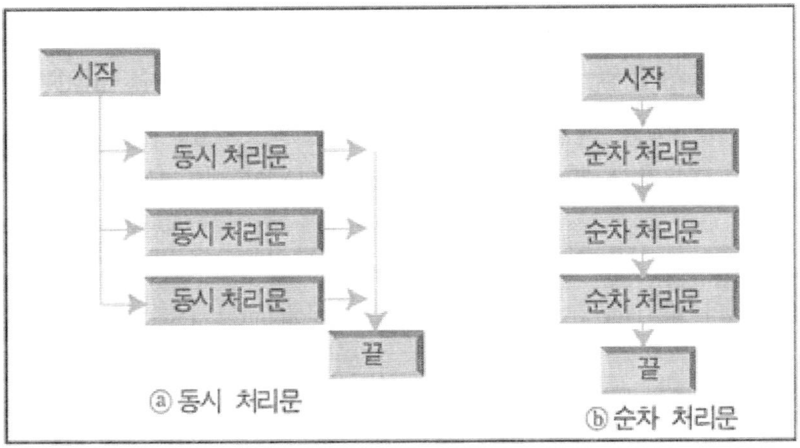

Process문에 대한 간단한 예제를 살펴보자. 다음 예제에서는 우선 process문 내부의 Sensitivity List로 X. Y, Z, C를 포함하고 있다. 즉 이 4가지 객체의 값 중 하나라도 변경될 경우 이 process문이 수행됨을 의미한다. 이 때 process문의 특징에 따라 begin-end 사이를 순서대로 수행한다.

```
process(X,Y,Z,C)              -- X,Y,Z,C를 Sensitivity List로 사용
begin
   C <= X;                    -- being과 end 사이를 순차 실행
   A <= X+C;
   A <= Y;
   B <= X+C;
end process;                  -- end까지 수행하면 다시 첫 라인으로
```

경우에 따라서는 Senstivity List가 없는 process문도 존재할 수 있다. 이 경우는 다음의 예제에서처럼 process문의 동작을 정지시키기 위해 하나 이상의 wait 문장을 포함하고 있어야 한다. 그 밖에 process문은 반드시 아키텍처 내부에서만 존재해야 한다는 제약이 있다. 또한 하나의 아키텍처 내부에서도 여러 개의 process문이 존재할 수 있다. 보통 process문을 한 개만 사용할 경우는 process의

기능적인 모델링은 계층적 설계에서 유용하게 사용되는 방식으로 하위 모듈을 호출하기도 하고, 로직 게이트를 직접 표현하기도 한다. 3가지 모델링 기법 중 가장 하드웨어와 가까운 모델링 기법이라 할 수 있다. 즉 게이트, 버스 등을 비롯한 각각의 하드웨어 컴포넌트들 간의 직접적인 연결을 프로그래밍을 통해 수행한다.

끝으로 데이터 흐름적 모델링 기법이 있다. 이는 절차적 방식과 기능적 방식의 중간 단계 정도에 해당하는 모델링 방법으로서 자료의 흐름을 나타내듯이 시스템의 기능을 나타낸다. 말 자체가 의미하는 바와 같이 신호 및 자료의 제어 흐름의 표현에 초점을 맞추는 설계방식이다. 주로 연산자나 함수 등을 사용해 표현되며, 병행 신호 할당문에 의해 기술된다.

이상의 설명을 바탕으로 또 하나의 예제를 통해 이들 모델링 기법간의 상호 차이에 대해 알아보자.

예를 들어 <그림 8>과 같은 회로가 있다고 하자. A, B, C의 3가지 입력과 Y의 출력을 가지며, 간단하게 논리적 and와 or 연산을 수행하는 회로이다. 그리고 이에 대한 진리표가 <표 2.4>에 나타나 있다. 이를 가지고 지금까지 설명한 각각의 모델링 기법을 구현해 보도록 한다.

<그림 8> 논리 기호

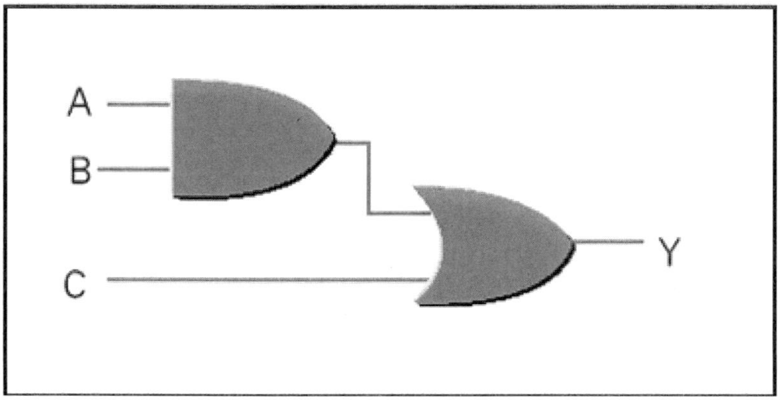

<표 2.4> 논리회로의 진리표

A	B	C	Y
0	0	0	0
0	0	1	1
0	1	0	0
0	1	1	1
1	0	0	0
1	0	1	1
1	1	0	1
1	1	1	1

```
-- 절차적 모델링 기법을 이용한 구현

library ieee;
use ieee.std_logic_1164.all;

entity AND_OR is                           -- entity 선언 부분
  port (A,B,C : in bit;
  Y : out bit);
end AND_OR;

architecture behavioral of AND_OR is     -- architecture 부분
  begin
    process(A,B,C)
    begin
      if C='1' or (A = '1' and B = '1') then Y <= '1';
      else Y <= '0';
      end if
    end process;
end behavioral;
```

먼저 절차적 모델링 기법이다. 이 예제에서는 절차적 명세를 위해 아키텍처의 process문 내부에 원하는 회로의 동작을 기술했다. process문의 begin과 end 사

이의 문장들을 차례대로 수행하면서 Senstivity List A, B, C에 변화가 있을 때마다 이를 수행하는 형식이다. 이 때 주의해야 할 것은 프로그래밍에서 보이는 'and'나 'or'는 논리적 의미의 연산자라는 사실을 기억해야 한다.

다음은 기능적 모델링 기법을 이용한 구현 방법이다. 코드에서 보기에 이 방법은 초기에 AND와 OR에 해당하는 컴포넌트 선언과 이에 대한 사례화(instantiation) 부분이 필요하므로 코드 자체가 조금 길어진 경향이 있지만, 코드에서 제일 아랫부분의 아키텍처 몸체를 비교하며 살펴보기 바란다. 논리적 and와 or의 동작을 가능케 하는 AND와 OR라는 게이트를 직접 이용해 이에 대한 포트 맵을 통한 회로를 구현한 것이다.

```
-- 기능적 모델링 기법을 이용한 구현
library ieee;
use ieee.std_logic_1164.all;
entity AND is
  port(A,B : in std_logic; Y : out std_logic);
end AND;
architecture B_AND of AND is
  begin Y <= A and B;
end B_AND;

-------------------------------------------------------

library ieee;
use ieee.std_logic_1164.all;
entity OR is
  port(A,B : in std_logic; Y : out std_logic);
end OR;
architecture B_OR of OR is
  begin Y <= A or B;
end B_OR;

-------------------------------------------------------
```

```
library ieee;
use ieee.std_logic_1164.all;
entity AND_OR is
  port(A,B,C : in std_logic; Y : out std_logic);
end AND_OR;
architecture structural of AND_OR is
  signal temp : bit;
  component AND
    port(A,B : in bit; Y : out bit);
  end component;
  component OR
    port(A,B : in bit, Y : out bit);
  end component;
  begin
    ANDgate : AND port map(A,B, temp);
    ORgate : OR port map(temp, C, Y);
end structural;
```

-- 데이터 흐름적 모델링 기법을 이용한 구현

```
library ieee;
use ieee.std_logic_1164.all;

entity AND_OR is                              -- entity 선언 부분
  port (A,B,C : in bit;
  Y : out bit);
end AND_OR;

architecture dataflow of AND_OR is        -- architecture 부분
  begin
  Y <= (A and B) or C;
end dataflow;
```

끝으로, 데이터 흐름적 모델링 기법을 살펴보자. 절차적 모델링 기법과 유사하지만 A, B, C의 데이터 자료의 흐름에 중점을 두어 표현했다는 것을 알 수

있다. 앞서 말한 바와 같이 이 기법은 실제 게이트 맵핑을 통한 기능적 방법과 다분히 알고리즘적인 절차적 방법의 중간 형태의 모델링이라는 것을 알 수 있을 것이다.

2.3 하드웨어 기술 언어 Verilog

이 장에서는 Verilog를 사용하는데 알아두어야 할 기본적인 사항들과 앞으로 사용될 Verilog의 여러 특징들에 대하여 설명한다. Verilog는 시뮬레이터인 Verilog XL 언어로서 처음 개발 되었고, C 언어와 비교하여 그 외형과 문법 측면에서 매우 유사하다. Verilog는 1995년 IEEE 1364로 표준화 되었다. 참고로 Verilog에서는 대소문자를 구분하여 사용한다.

2.3.1 기본적인 사항

Verilog에서 공백은 단어를 분리하는데 사용되며, 그 이외의 탭, 캐리지 리턴, 라인 피드등을 사용할 수 있다. 이름 혹은 식별자등으로 사용되는 문자는 대문자와 소문자를 구별하며, Verilog의 예약어는 반드시 소문자로 기술하여야 한다. 한 문장은 반드시 세미콜론(;)으로 끝나며, 단 “end ~ ”로 시작하는 예약어는 예외라는 점에 주의하기 바란다.

주석은 어느 곳에서든지 사용할 수 있으며, 다음과 같이 2가지 방법을 사용하여 구현된다. 첫째, 2개의 슬래쉬(//)로 시작하는 주석의 사용이 가능하며, 이 경우 해당 라인의 끝까지 주석이 된다. 둘째, “/*” 기호로 시작해서 “*/” 사이의 내용을 주석 처리할 수 있다. 이 경우는 C 언어의 그것과 같이 여러 줄에 걸쳐서 주석 처리를 용이하게 할 수 있다.

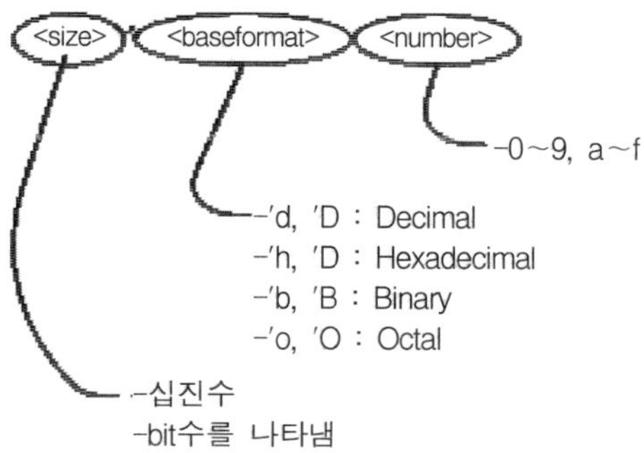

<그림 9> 숫자 시스템

Verilog에서 사용하는 숫자 시스템은 다음과 같다. 가령, 4'b1111는 4-bit 이진수 1111이며, 12'habc는 12-bit 16진수 abc (1010_1011_1100)가 된다. 16'd255 는 16-bit 10진수 255 (0000_0000_1111_1111)를 의미한다. 이 같은 Verilog 숫자 시스템이 <그림 9>에 제시되어 있다.

Verilog에서 사용할 수 있는 식별자는 다음과 같은 규칙을 가진다. 식별자는 사용자가 정의한 변수, 모듈 이름, 포트 이름, 함수 이름, 인스턴스 이름 등을 말한다.

◆ 처음 문자는 알파벳 문자 혹은 언더 바를 사용할 수 있다.
◆ 다음 문자부터는 영문자, 숫자, 언더바, $ 등을 사용할 수 있다.
◆ 이름 중간에 공백을 사용할 수 없고, 최대 1023 문자까지 사용할 수 있다.
◆ 대문자와 소문자를 구별한다.

다음의 <그림 10>과 <그림 11>은 Verilog에서 기본적으로 제공하는 Value Type의 기본 값들과 강도(strength)를 보여준다.

Value Set	H/W Condition
0	Logic Zero, False Condition
1	Logic One, True Condition
x	Unknown
z	High Impedance, Floating

<그림 10> Value Set in Verilog

Strength Level	Type	
Supply	Driving	Strongest
Strong	Driving	
Pull	Driving	
Large	Storage	
Weak	Driving	
Medium	Storage	
Small	Storage	
High Z	High Impedance	Weakest

<그림 11> Strength Level in Verilog

Verilog에서의 문자열(string)은 따옴표("~")로 둘러싸며, 한 라인을 넘을 수 없다. 문자열은 다음과 같은 특성을 가진다.

◆ 스트링은 캐리지 리턴을 포함할 수 없으나, 줄 바꿈은 에스케이프 문자 \n를 사용하여 지정할 수 있다.
◆ C 언어에서처럼 에스케이프 문자(\t, \n, \\, \", %%)를 사용할 수 있다.
◆ 문자열은 시뮬레이션에서만 사용되며, 실제 합성과정에서는 무시된다.

기타, Verilog에서의 특수 역할자들은 다음과 같다. 우선, 시스템 기능 연산자로서 시스템의 기능을 명시하는 연산을 "$ 시스템 기능"과 같이 표시한다. 다음에 그 예가 소개되어 있다.

```
$ stop;                              //시뮬레이션 정지
$ finish;                            //시뮬레이션 끝
$ time;                              //현재의 시뮬레이션 시간을 얻는다.
$ monitor($time, "as=%b, b=%h, a,b); //a는 2진수, b는 16진수 형태로 시간을 출력
```

Verilog에서의 시간 지연 연산자는 "# 값" 이다 값은 10진수로 표시한다. 이는 시뮬레이션에서의 시간 지연을 의미하며, 실제 합성과정에서 그 값은 무시된다.

컴파일러 지시어(directive)는 액센트 그레브(`)로 표시된다. 즉 "`컴파일러 지시어"와 같은 형식으로 사용된다. 대표적인 예로 testbench의 첫 문장에서 주로 사용되는 "`timescale 1ns/1ns"가 그 예이다.

끝으로, 다음의 <표 2.5>는 Verilog의 예약어이다.

<표 2.5> Verilog 예약어

always	end	ifnone	or	rpmos	tranif1
and	endcase	initial	output	rtran	tri
assign	endmodule	inout	parameter	rtranif0	tri0
begin	endfunction	input	pmos	rtranif1	tri1
buf	endprimitive	integer	posedge	scalared	triand
bufif0	endspecify	join	primitive	small	trior
bufif1	endtable	large	pull0	specify	trireg
case	endtask	macromodule	pull1	specparam	vectored
casex	event	medium	pullup	strong0	wait
casez	for	module	pulldown	strong1	wand
cmos	force	nand	rcmos	supply0	weak0
deassign	forever	negedge	real	supply1	weak1
default	for	nmos	realtime	table	while
defparam	function	nor	reg	task	wire
disable	highz0	not	release	time	wor
edge	highz1	notif0	repeat	tran	xnor
else	if	notif1	rnmos	tranif0	xor

2.3.2 모듈과 포트

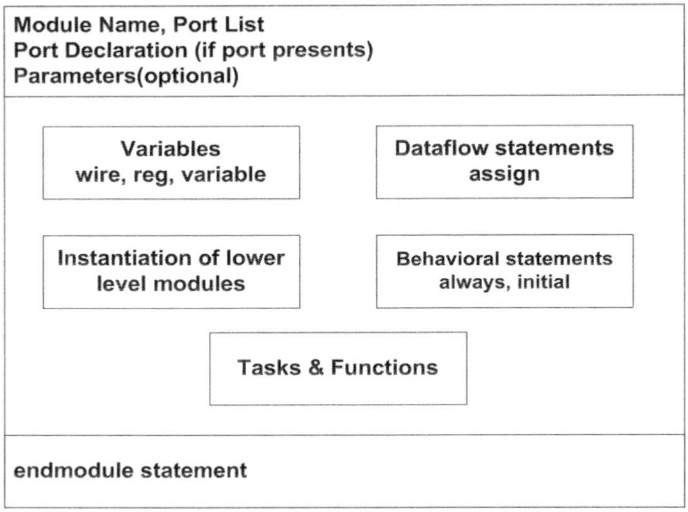

<그림 12> Module Definition in Verilog

Verilog의 처음 작업은 모듈(module)의 정의에 있다. 모듈은 Verilog 설계의 기본 단위로 생각해도 좋다. 모듈의 정의에 있어서 필요한 작업들은 "모듈 내부 구조의 표현", "모듈 이름의 정의" 및 "입출력 신호의 선언"등이다.

<그림 12>는 Verilog에서의 모듈 정의 형태이다. Verilog는 module로 시작하여 endmodule로 끝난다. Port list, port declaration은 포트가 존재할 때만 사용되게 된다. <그림 12>의 내부에 보이는 5가지 블록(variable declaration, dataflow, 하위 module instantiation, behavioral statements, tasks & functions)은 순서에 상관없이 모듈내 어디에든 올 수 있다. 이러한 특성이 하드웨어 프로그래밍 언어로서 소프트웨어 언어와의 차이를 보이는 점이다.

포트(port)는 모듈이 외부와 소통할 수 있도록 하는 interface를 제공하는 역할을 한다. 포트의 리스트는 모듈의 경우 생략 가능한 포트 리스트를 포함할 수 있다. 즉, 외부와의 어떠한 신호 교환도 없는 경우 포트는 필요가 없게 되고 그 리스트도 없다.

이름을 생략해도 상관없다. 하지만 여러 개의 process문을 사용할 경우에는 이들 process문을 상호 구별하기 위해 process문에 이름을 써 주는 것이 좋다.

```
architecture arch_name of entity_name is
begin
   process_name : process        --프로세서의 이름
   선언문
   begin
      순차 처리문
      wait until(조건);          --wait 문장
      순차 처리문
        .
        .
        .
      wait for(시간)             --wait 문장의 또 다른 형태
        .
        .
        .
  end process;
end;
```

2.2.7 절차적/기능적/데이터흐름적 모델링

VHDL에서 특정 모듈에 대한 동작의 표현은 크게 절차적 표현과 기능적 표현, 그리고 데이터 흐름적 표현으로 구분될 수 있다. 우선 절차적 표현은 C 프로그램에서처럼 설계하고자 하는 디지털 회로를 하드웨어의 구조와는 직접적인 관계가 없이 단순히 시스템의 동작을 알고리즘 레벨에서 나타낸 것을 말한다. 이러한 절차적 표현은 일반적으로 앞서 설명한 process 문장 내에서 주로 사용되며 가장 높은 수준의 추상적 설계를 가능케 한다. 즉 일반 수학적 알고리즘을 사용해 프로그래밍이 가능한 모델링 기법이다.

포트의 선언은 다음과 같다. 리스트에 있는 모든 포트는 다음과 같은 타입으로 선언된다. 모듈의 포트는 그 방향에 따라 input, output, inout으로 정의되고 선언된다. 모든 포트는 특별히 지정하지 않는 한 wire로 선언된다. output port가 그 값을 계속 유지하도록 설계한다면 reg로 선언해 주어야 한다. input port는 reg로 선언할 수 없다.

포트들과 외부 시그널(signal)들과의 연결은 크게 두가지 형태의 연결 구현이 존재한다. 우선, 리스트 순서대로 연결이다. 이는 모듈을 정의 할때 포트 리스트에 열거된 순서대로 사례화(instantiation)에서 신호를 적어주는 것으로 연결된다. 다음의 Verilog가 이를 보여 주고 있다.

```
E.g.)
   module Top;

   reg [3:0] A, B;
   reg C_IN;
   wire [3:0] SUM;
   wire C_OUT;
      ...
      fulladd4 fa_ordered(SUM, C_OUT, A, B, C_IN);
      ...
   endmodule

   module fulladd4(sum, c_out, a, b, c_in);

   output [3:0] sum;
   output c_out;
   input [3:0] a, b;
   input c_in;
      ...
      <module internals>
      ...
   endmodule
```

다음으로, 이름으로의 연결방법이 있다. 수십여 개의 포트를 가지는 큰 디자인에서는 어떤 순서로 포트들이 정의 되었는지 일일이 다 기억하는 것이 불가능하게 된다. 이 경우, 다음과 같이 포트의 이름으로 연결하게 되면, 포트의 순서는 무시되며 연결하지 않은 포트는 자연히 생략된다. 이름에 의한 포트 연결을 사용하면, 모듈의 포트 리스트에서 순서가 바뀌어도 연결에 영향을 미치지 않는다.

E.g.)

```
fulladd4 fa_byname(.c_out(C_OUT), .sum(SUM), .b(B), .c_in(C_IN), .a(A));
```

2.3.3 Behavioral 모델링

Verilog를 활용한 모델링 방법에 있어서 가장 중요한 기법 가운데 하나가 바로 Behavioral 모델링이다. 본 절에서는 Verilog를 활용한 Behavioral 모델링의 방법 가운데 중요한 사항들에 대해 알아본다. 본 절에서 소개된 방식을 활용한 실험 실습 예제가 추후에 제시된다.

2.3.3.1 Structured Procedure

Always 문장과 initial 문장으로 대표되는 Verilog의 Structured Procedure들은 다음과 같은 특징을 가진다.

- always, initial : 가장 기본적인 structured procedure 구문
- always와 initial 안에 다른 모든 behavioral 구문들이 위치한다.
- Concurrency : always, initial 구문 동작흐름은 동시에 병렬로 이루어진다. 이런 동작 흐름들은 시뮬레이션 시간 0에서 시작한다.
- nested 될 수 없다.

initial statement

initial 문장은 블록으로 설정된 부분을 순차적으로 한번 실행하고 끝난다. 시뮬레이션의 경우에만 사용되며 합성의 과정에서는 무시된다. 따라서 주로 테스트벤치 내부에서만 사용된다.

◆ initial 구문 안에 있는 모든 구문은 initial block을 구성한다.
◆ initial block은 시간 0에서 시작하며, 시뮬레이션 동안 단 한번 실행된다.
◆ 여러개의 initial block이 있는 경우 각각 시간 0에서 실행 시작하며, 다른 block에 영향을 주지도 받지도 않고 독립적으로 실행된다.
◆ 다수의 behavioral 구문은 begin과 end로 묶어 주어야 한다. 단, 한 개의 구문을 묶어줄 필요는 없다. 하지만 가독성과 구문 추가의 여지를 위해서 begin과 end를 생략하지 않는 것이 좋다.

다음에 initial 문장의 예제가 소개되어 있다.

E.g.)

```
// initial Statement
module stimulus;

reg x, y, a, b, m;

initial
    m = 1'b0;             // time 0에서 실행

initial
begin
    #5 a = 1'b1;          // time 5에서 실행
    #25 b = 1'b0;         // time 5의 시점에서 25뒤(30)에 b = 1'b0; 실행
end
```

```
initial
begin
   #10 x = 1'b0;        // time 10에 실행
   #25 y = 1'b1;        // time 10의 시점에서 25뒤(35)에 y = 1'b1; 실행
end

initial
   #50 $finish;         // time 50에 실행

endmodule
```

위의 예제에서 initial block들이 동시에 실행된다. 또한, #<delay>뒤에 오는 구문은 현재시점(실행도중)에서 delay만큼 후에 실행된다. 위의 프로그램 예제에 대한 실행 결과는 다음과 같다.

시간	실행되는 구문
0	m = 1'b0;
5	a = 1'b1;
10	x = 1'b0;
30	b = 1'b0;
35	y = 1'b1;
50	$finish;

always statement

Always 문장은 "@ 이벤트 신호"에 있는 값들 가운데 어느 하나라도 변화하면 블록 내부의 문장들이 순서대로 수행되며, 마지막 문장까지 실행이 끝나면 다시 처음으로 돌아가서 다음의 이벤트 신호가 변화될 때까지 기다린다.

◆ always 구문 안에 있는 모든 구문은 always block을 구성한다.
◆ time 0에서 시작해서 계속 반복되는 형태로 실행된다.
◆ clock 생성기 같이 전원이 있는 동안 계속 반복되는 동작을 기술할 때 유용하다.

조합 회로의 설계에 있어서 always 문장을 사용할 경우 다음과 같은 주의가 필요하다.

◆ always 블록에는 반드시 "@(이벤트 신호)"가 있어야 한다.
◆ 조합회로에 공급되는 모든 신호들은 "@(이벤트 신호)"내에 있어야 한다.
◆ always의 동작은 일종의 레지스터로 생각하기 때문에, always 블록에서 할당되는 신호들은 반드시 "reg" 혹은 "integer" 형태로 선언되어 있어야 한다.
◆ always 문장 내부에서는 블록킹 대입문(=)을 사용하지 않고, 논 블록킹 대입문(<=)을 사용하여야 한다.

순차 회로의 설계에 있어서 always 문장을 사용할 경우, 블록 내에 이벤트를 일으키는 식이 포함되어 있어야 하며, 벡터의 일부 비트들은 이벤트 신호로 사용할 수 없다.

기타, 여러개의 always 문장을 사용할 수도 있으며, 이 경우 대규모의 회로를 설계할 수 있게 한다. 다음은 clock을 생성시키는 always 문장의 사용 예이다.

E.g.)

```
// always Statement
module clock_gen;
reg clock;
initial
    clock = 1'b0;              // 초기화
always
    #10 clock = ~clock;        // 10마다 반전 (주기 20)
initial
    #1000 $finish;
endmodule
```

2.3.3.2 Procedural Assignment

조합회로에서의 할당문장으로서 assign 문장과 function 문에서의 “=”를 이용하여 출력 대입을 수행한다. 이때의 기호 “=”를 블록킹 대입문이라 한다. 하지만 순차회로에서는 보통 “<=”를 사용하여 레지스터 값을 대입하며, 이를 논 블록킹 대입문이라 한다. 이 절에서는 Verilog에서 중요하게 사용되는 두가지 대입문에 대해서 살펴 본다.

Blocking Assignment

블록킹 대입문의 가장 큰 특징은 하나의 대입이 끝나고 나서, 다음 대입을 실행한다라는 것이다. 즉, 기술된 순서에 따라서 회로의 동작방식이 다르기 때문에 순차 회로에서는 사용하기가 적합하지 않다.

◆ 구문이 명시된 순서대로 실행된다
◆ “=” 연산자를 사용한다.

```
[Syntax]

<assignment>
        ::=<lvalue> = <expression>
```

위의 문법 명세에 있어서, <lvalue>에 올수 있는 것들은 다음과 같다.

◆ reg, integer, real, time register variable, memory element
◆ 위의 변수의 bit-select (ex., addr[0])
◆ 위의 변수의 part-select (ex., addr[31:19])
◆ 위의 변수의 concatenation

```
E.g.)
   // Blocking Statement

   reg x, y, z;
   reg [15:0] reg_a, reg_b;
   integer count;

   initial
   begin
      x = 0; y = 1; z = 1;                // time 0 에 실행
      count = 0;                          // time 0 에 실행
      reg_a = 16'b0; reg_b = reg_a;       // time 0 에 실행

      #15 reg_a[2] = 1'b1;                // time 15에 실행
      #10 reg_b[15:13] = {x, y, z};       // time 25에 실행
      count = count + 1;                  // time 25에 실행
   end
```

위의 프로그램은 블로킹 대입문의 사용 예제이다. x = 0; 구문이 실행되고 y = 1; 구문이 실행된다. count = count + 1; 구문은 가장 마지막에 실행된다. 오른쪽 수식의 bit수가 왼쪽보다 크면 LSB쪽을 선택하고 왼쪽에 맞추어 자른다. 왼쪽 수식의 bit수가 크면 남는 부분은 0으로 채워진다.

Nonblocking Assignment

논 블로킹 대입문은 always 문장의 블록내의 대입식에서 오른쪽 처리가 완전히 끝나고 나면 일제히 왼쪽에 대입된다. 따라서 왼쪽의 처리 결과를 임시 레지스터에 기억하고 있어서 왼쪽 전체가 처리되면 일괄적으로 원래 대입되는 레지스터로 대입되게 된다. 이 때, 할당 이전 임시 레지스터에 결과값이 보관되고 있다는 것이 핵심 개념이다. 이 때문에 기술된 순서에 따라 회로의 동작 방식이 다르지 않게 된다. 따라서 논 블로킹 대입문은 순차 회로에서 사용되기에 적당하다.

◆ sequential block의 구문의 실행을 방해하지 않고 시간계획에 따라 assign이 이루어진다.

◆ "<=" 연산자를 사용한다.

Verilog에서는, 일반적으로 조합회로에서 "=" 그리고 순차회로에서 "<="를 사용한다. always 문장에서 조합 회로를 설계할 경우에는 블록킹 대입문 "="를 그대로 사용하여도 되지만, 현재 각 회사에서 제공하는 CAD 도구에서는 오류를 일으킬 수 있다. 다음에 논 볼록킹 대입문의 활용 및 동작 방식에 대한 예가 소개되어 있다.

```
E.g.)
    // Nonblocking Assignment

    reg x, y, z;
    reg [15:0] reg_a, reg_b;
    integer count;

    initial
    begin
        x = 0; y = 1; z = 1;
        count = 0;
        reg_a = 16'b0; reg_b = reg_a;

        reg_a[2] <= #15 1'b1;               // 15 time unit에 실행
        reg_b[15:13] <= #10 {x, y, z};      // 10 time unit에 실행
        count <= count + 1;                 //  0 time unit에 실행
    end
```

x = 0; 에서부터 reg_b = reg_a; 구문까지는 0 time unit에 순차적으로 실행된다. 논 블록킹 할당(<= 연산자를 사용한 구문)은 동시에 실행된다. 같은 time unit에 블록킹과 논 블로킹이 존재한다면(count = 0; 과 count <= count +1;) 블록킹이 먼저 실행되고 난 후 논 블록킹이 실행된다.

2.3.3.3 Timing Control

Verilog에서는 다양한 behavioral timing control들이 있다. 이러한 timing control 구문이 없으면 시뮬레이션 시간은 진행되지 않는다. Verilog에서는 크게 delayed 기반 시간 제어 방식과 event 기반 시간 제어 방식이 존재한다. 이 절에서는 Verilog에서 지원하는 시간 제어 기법에 대해 설명한다.

■ Delay-Based Timing Control

- 구문이 나타나서 실행되기까지의 시간을 지정한다. 사용 문법은 다음과 같다.

```
[Syntax]

<delay>
    ::= #<NUMBER>
    ||= #<identifier>
    ||= #(<mintypmax_expression> <,<mintypmax_expression>>*)
```

Regular delay control

- Procedural assignment의 왼쪽에 지정한 non-zero delay.
- 명시된 delay만큼 기다렸다가 오른쪽 statement를 실행한다.

```
E.g.)
   // Regular Delay Control
   parameter latency = 20;
   parameter delta = 2;

   reg x, y, z, p, q;

   initial
   begin
```

```
        x = 0;                              // no delay
        #10 y = 1;                          // number delay

        #latency z = 0;                     // identifier delay
        #(latency + delta) p = 1;           // expression delay

        #y x = x +1;                        // identifier delay

        #(4:5:6) q = 0;                     // min, typical, max delay
    end
```

Intra-assignment delay control

- assignment 연산자의 오른쪽에 명시한 delay
- 연산자 오른쪽의 수식을 계산하고 난 후, 명시된 delay만큼 기다렸다가 assign을 수행.

```
E.g.)

    // Intra-assignment delay
    reg x, y, z;

    initial
    begin
        x = 0; z = 0;
        y = #5 x + z;          // 0 time unit에 x와 z의 값을 수식을 계산한 후
                               // 5 time unit동안 기다렸다가 y에 assign
    end

    // Regular delay로 표현하면 다음과 같다.
    initial
    begin
        x = 0; z = 0;
```

```
    temp_xz = x + z;
    #5 y = temp_xz;
end
```

Zero delay control

- 별도의 always block이나 initial block에 있는 procedural 구문은 같은 시뮬레이션 시간에 실행된다.
- 이렇게 같은 시간에 실행되는 구문들의 실행순서는 비결정적이다.
- zero delay는 같은 시간에 실행되는 구문들중에서 가장 나중에 실행하게 한다.
- Race condition을 해소하는데 주로 사용된다.

```
E.g.)

    // Zero delay control
    initial
    begin
        x = 0;
        y = 0;
    end

    initial
    begin
        #0 x = 1;     // zero delay control
        #0 y = 1;
    end
```

x = 0; y = 0; x = 1; y = 1; 구문 모두 0 time unit에 실행되게 된다. 그 중에서도 #0(zero delay)가 적용된 x = 1; y = 1; 구문이 가장 나중에 실행된다.

■ Event-Based Timing Control

Register나 net의 값이 변하는 상황인 event가 발생한 경우에 동작을 가능하게 하는 방식이다.

- ◆ @ : event control을 명시하는 심볼
- ◆ 신호의 변화, 신호의 positive(↑) 전환, negative(↓) 전환을 감지하여 뒤에 오는 구문을 실행시킨다.
- ◆ Positive transition : 0 → (1, x, z), x → 1, z → 1 인 경우
- ◆ Negative transition : 1 → (0, x, z), x → 0, z → 0 인 경우

```
E.g.)
    //Event-based timing control

    @(clock) q = d;                // clock신호가 바뀔때마다 q = d;실행

    @(posedge clock) q = d;        // clock신호가 pos transition일때
                                   q = d;를 실행

    @(negedge clock) q = d;        // clock신호가 neg transition일때
                                   q = d;를 실행

    q = @(posedge clock) d;        //clock신호 positive edge일 때
                                   즉시 d를 계산하고 q에 저장
```

이 절에서는 하드웨어 기술 언어의 특징과 종류들에 대해서 살펴보았다. 이와 같은 하드웨어 기술 언어의 장점과 단점을 잘 파악하여, 이를 바탕으로 실제 하드웨어 설계에 있어서 효율적으로 적용 할 수 있어야 할 것이다.

또한 본 절에서는 HDL의 대표적인 두가지 사례라 할 수 있는 VHDL과 Verilog의 기본적인 특성을 소개하였으며, 소프트웨어 프로그래밍과 차이를 보이

는 HDL의 대표적인 핵심 사항들을 소개하였다.

다음 절에서는 지금까지 소개된 HDL을 활용하여 실제 디지털 시스템을 모델링하는 방법에 대해서 알아본다. 끝으로, 실험 및 실습 과제를 제시하여 VHDL과 Verilog를 통한 기본 논리회로의 구현을 수행한다.

3장 디지털 회로 모델링

디지털 회로는 일반적으로 조합 회로(combinational circuit)와 순차 회로(sequential circiut)로 구분된다. 조합 회로는 현재의 입력이 주어지면 즉시 그에 대한 출력값이 결정되는 회로를 의미한다. 반면 순차 회로는 현재의 입력된 정보와 과거에 저장되어 있었던 기억 값에 의해서 출력값이 결정되는 회로를 말한다. 즉 현재의 입력과 회로의 기억된 상태에 따라서 그 출력이 결정됨을 의미한다. 당연히 회로의 복잡도로 따지자면 순차 회로가 조금 더 복잡한 형태를 보인다. 하지만 기억할 수 있다는 특성 때문에 순차 회로가 없는 디지털 시스템은 거의 없다고 봐도 무방할 것이다.

이 장에서는 VHDL을 모델링 HDL로 활용하여 다양한 디지털 회로에 대한 모델링 기법에 대해 소개한다. 3장에서 제시된 VHDL 모델의 Verilog로의 구현 및 Verilog를 통한 추가적인 하드웨어 모델링은 4장의 실습을 통해 보다 더 세부적으로 다룬다. 그럼 지금부터 조합 회로와 순차 회로의 모델링 대해서 하나씩 알아보기로 하자.

3.1 조합회로 모델링

먼저 살펴볼 회로는 조합 회로이다. 조합 논리 회로는 앞서 설명한 바와 같이 출력이 현재의 입력에 의해서만 결정되는 회로를 의미한다. 이러한 조합 논리 회로의 기본적인 형태가 <그림 1>에 나타나 있다.

<그림 1> 조합 논리 회로도

이러한 조합 논리 회로의 대표적인 예로서 기본적인 산술 연산을 가능케 하는 가산기/감산기, 그리고 외부의 입력을 내부 형태로 바꾸어 주고 또 그 반대의 동작을 취하는 인코더/디코더, 여러 입력 중에서 하나의 값을 출력하는 멀티플렉서(multiplexer), 그리고 이와는 반대의 동작을 하는 디멀티플렉서(demultiplexer), 여러 입력 값들을 비교하는 비교기(comparator) 등을 그 예로 들 수 있다. 무엇보다도 가장 대표적인 예는 바로 ALU(Arithmetic & Logic Unit)일 것이다. 흔히 컴퓨터의 메인 두뇌라 할 수 있는 CPU는 내부적으로 계산 모듈, 제어 모듈, 기억 모듈과 같은 여러 모듈로 구성되어 있다. 그 중에서 산술/논리 연산을 담당하는 모듈이 바로 ALU이다.

3.1.1 ALU 모델링

그럼 지금부터 VHDL을 사용해 ALU를 직접 모델링해 보자. 중앙처리 장치는 기본적으로 레지스터와 같은 기억 장치, 제어 장치 등 여러 세부 모듈로 이뤄져 있는데 그 중에서 제일 핵심이 되는 모듈이 바로 ALU이다. 이런 ALU야말로 순수한 조합 회로들로 이뤄져 있는 모듈이다. 더하기/빼기와 같은 산술 연산뿐만 아니라 각종 논리 연산이 가능하며 또한 n개의 입력이 있을 경우 이를 해석해 어떤 연산 모듈에 보낼 것인지를 결정한다. 앞서 예로든 조합 논리회로의 총 집합체라고 해도 과언이 아닐 것이다.

조금 더 구체화 하자. 우리가 모델링 할 ALU는 실제 시스템에서 사용되는 ALU보다 어느 정도 제약이 있기는 하다. 하지만 이를 확장시키고 나름대로의 최적화 과정을 거친 것이 상용화되어 있는 ALU라고 했을 때, 우리가 디자인하게 될 ALU가 현실과 크게 동떨어진 것만은 아니다.

<표 3.1>에 우리가 구현하고자 하는 ALU의 동작을 정리하였다. 이 회로는 S4부터 S0까지의 신호와 Cin의 제어 신호의 입력에 따라서 각각 두 입력, 즉 A와 B의 값을 이용해 출력 Y를 만들어 내는 역할을 하게 된다. 이들 제어 신호의 조합에 따라서 각각 산술 연산과 논리 연산 그리고 이동 연산을 수행하게 된다.

<표 3.1> ALU 기능도

S4 S3 S2 S1 S0 Cin	수행 연산	기능	구현부
0 0 0 0 0 0	Y <= A	A의 값 전송	산술 연산부
0 0 0 0 0 1	Y <= A + 1	A의 값 1 증가	산술 연산부
0 0 0 0 1 0	Y <= A + B	더하기	산술 연산부
0 0 0 0 1 1	Y <= A + B + 1	받아 올림이 있는 더하기	산술 연산부
0 0 0 1 0 0	Y <= A + B'	A와 B의 1의 보수와의 더하기	산술 연산부
0 0 0 1 0 1	Y <= A + B' + 1	빼기	산술 연산부
0 0 0 1 1 0	Y <= A - 1	A의 값 1 감소	산술 연산부
0 0 0 1 1 1	Y <= A	A의 값 전송	산술 연산부
0 0 1 0 0 0	Y <= A AND B	AND	논리 연산부
0 0 1 0 1 0	Y <= A OR B	OR	논리 연산부
0 0 1 1 0 0	Y <= A XOR B	EXCLUSIVE OR	논리 연산부
0 0 1 1 1 0	Y <= A'	COMPLEMENT	논리 연산부
0 0 0 0 0 0	Y <= A	A의 전송	이동 연산부
0 1 0 0 0 0	Y <= shl A	A의 좌측 이동	이동 연산부
1 0 0 0 0 0	Y <= shr A	A의 우측 이동	이동 연산부
1 1 0 0 0 0	Y <= 0	0의 전송	이동 연산부

<리스트 3.1> ALU 기능 코드

```
-- 라이브러리의 지정 및 패키지 호출
library IEEE;
use IEEE.STD_LOGIC_1164.all;

-- 산술 연산을 위한 패키지 호출
use IEEE.NUMERIC_STD.all;

-- 엔터티의 선언문
entity ALU is
   port ( -- 입력 포트
      sel: in    unsigned(4 downto 0);
      carryin: in    std_logic;
      A, B: in    unsigned(7 downto 0);
      -- 출력 포트
      Y: out unsigned(7 downto 0)
   );
end entity ALU;

-- 아키텍처의 선언문
architecture ALU_body of ALU is
   begin

   ALU_AND_SHIFT: process(sel, A, B, carryin)
      variable sel0_1_carryin : unsigned(2 downto 0);
      variable LogicUnit, ArithUnit,
      ALU_Noshift: unsigned(7 downto 0);
      begin
      -- 논리 연산 부분
         Logic_Unit: case sel(1 downto 0) is
            when "00" => LogicUnit := A and B;
            when "01" => LogicUnit := A or B;
            when "10" => LogicUnit := A xor B;
```

```
          when "11" => LogicUnit := not A;
          when others => LogicUnit := (others => 'X');
        end case Logic_Unit;
        -- 산술 연산 부분
        sel0_1_carryin := sel(1 downto 0) & carryin;
        Arith_Unit: case sel0_1_carryin is
          when "000" => ArithUnit := A;
          when "001" => ArithUnit := A + 1;
          when "010" => ArithUnit := A + B;
          when "011" => ArithUnit := A + B + 1;
          when "100" => ArithUnit := A + not B;
          when "101" => ArithUnit := A - B;
          when "110" => ArithUnit := A - 1;
          when "111" => ArithUnit := A;
          when others => ArithUnit := (others => 'X');
        end case Arith_Unit;
        -- 논리 연산과 산술 연산의 멀티플렉싱
        LA_MUX: if (sel(2) = '1') then
          ALU_Noshift := LogicUnit;
            else
              ALU_Noshift :=ArithUnit;
            end if LA_MUX;
         -- 시프트 연산 부분
        Shift: case sel(4 downto 3) is
          when "00" => Y <= ALU_Noshift;
          when "01" => Y <= Shift_left(ALU_Noshift, 1);
          when "10" => Y <= Shift_right(ALU_Noshift, 1);
          when "11" => Y <= (others => '0');
          when others => Y <= (others => 'X');
        end case Shift;

      end process ALU_AND_SHIFT;

end architecture ALU_body;
```

<리스트 3.1>이 <표 3.1>의 ALU 기능을 VHDL을 이용해 프로그래밍한 코드이다. ALU라는 하나의 엔터티를 선언했으며, 이 모듈은 Sell, CarryIn 그리고 A, B를 입력으로 갖고 Y를 출력 값으로 내보내게 된다. 이와 같은 코드를 회로도로 나타내면 <그림 2>와 같이 될 것이다.

<그림 2> 모델링한 ALU 회로의 구조

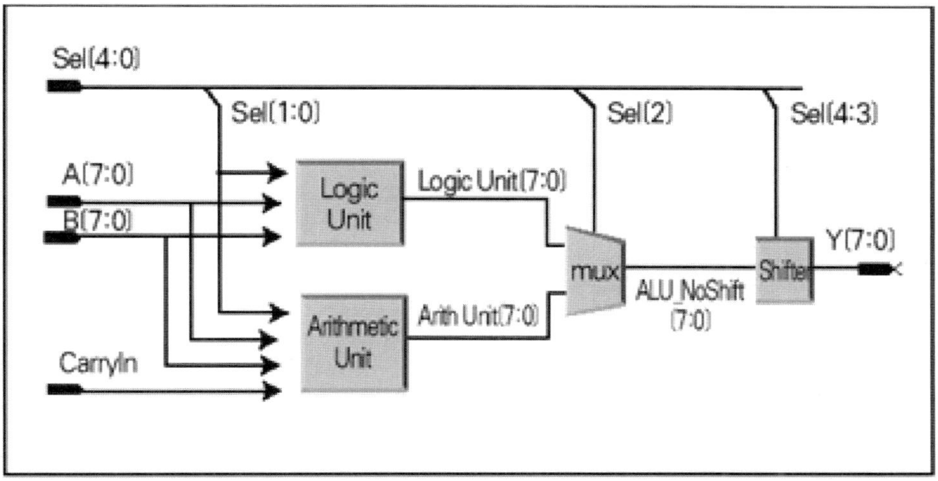

3.2 순차회로 모델링

다음으로 알아볼 회로는 순차 회로이다. 순차 회로는 무엇보다도 이전의 값이나 상태를 기억할 수 있다는 사실이 조합 회로와 비교했을 때 가장 큰 차이점이라 할 수 있다. 플립플롭(flip-flop)과 조합 논리회로들로 구성되며, 출력은 외부 입력과 플립플롭의 현재 상태에 의해 결정되는 논리 회로이다. 여기서 플립플롭이 바로 기억 장치로서의 역할을 하게 되는 것이다. <그림 3>에 이러한 순차 회로의 기본 구조가 나타나 있다.

<그림 3> 순차 논리 회로도

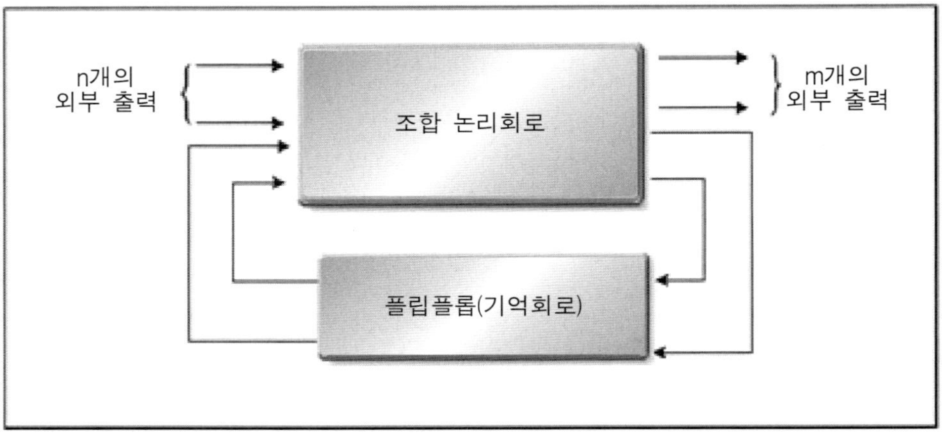

순차 회로의 대표적인 예로서 레지스터를 꼽을 수 있다. 레지스터는 CPU 내부에서 특정 데이터를 저장하고 있는 일종의 기억 장치이다. 또한 카운터도 순차 회로로 구현된다. 이전의 값을 기억해야 다음 숫자나 상태를 나타낼 수 있기 때문이다.

참고 자료

래치와 플립플롭

순차 회로를 접할 때마다 항상 등장하는 것이 바로 래치와 플립플롭이다. 래치와 플립플롭이란 두 개의 안정 상태를 갖는 일종의 기억 회로를 뜻한다. 이 때 말하는 안정 상태란 회로의 외부로부터 입력을 가하지 않는 한 본래의 값을 유지할 수 있는 회로의 상태를 의미하며 흔히 두 가지의 안정 상태를 말할 경우 이전 값으로 1 혹은 0의 값을 기억하고 있을 수 있다는 의미이다. 그럼 이 둘 사이에 차이점은 무엇일까? 우선 래치의 경우는 레벨 트리거(level trigger)에 의해 동작한다. 따라서 래치는 클럭이 1(high)인 동안 입력의 변화를 그대로 출력에 반영한다. 이에 반해 플립플롭은 에지 트리거(edge trigger)에 의해 동작한다. 따라서 플립플롭은 클럭 펄스가 나타나기 바로 이전의 입력이 출력에 반영되어 다음 클럭 펄스가 나타날 때까지 그 상태를 유지함을 의미한다.

<그림> 래치와 플림플롭의 동작의 차이

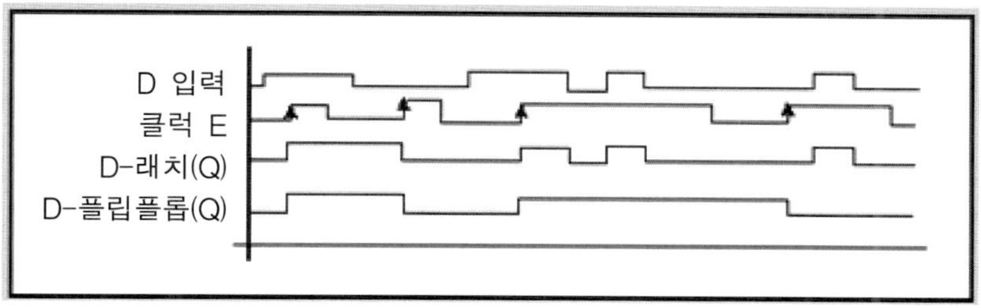

<그림>은 D-타입의 플립플롭과 래치를 사용할 경우를 예로 든 것이다. 회로 구성은 같으나 D 플립플롭은 클럭 펄스가 상승 또는 하강하는 에지 바로 직전의 입력 신호가 출력에 반영되어 다음 클럭 펄스가 나타날 때가지 그 상태를 유지한다. 따라서 <그림>에서 보는 바와 같이 클럭 펄스의 폭이 넓어도 D 플립플롭은 출력의 변화가 없지만 래치는 클럭 펄스의 폭이 넓으면 그 동안에 입력의 변화가 출력에 나타나게 된다. 이는 래치보다는 플립플롭이 좀 더 안정적인 동작을 보장한다는 의미이기도 하다.

3.2.1 카운터 모델링

앞서 조합 논리 회로에 대해 알아보면서 ALU를 직접 모델링하였다. 이제는 순차 회로의 한 가지 예를 가지고 이를 모델링할 차례이다. 여기서는 대표적인 순차 회로인 카운터를 활용하여 실제 모델링해 보기로 한다. 먼저 카운터에 대해 좀더 자세히 알아보자.

디지털 회로에서는 특정 시간 내에 입력된 클럭 수를 헤아려서(counting) 주파수를 측정하기도 하고, 동작의 순서를 제어하기도 한다. 이와 같은 용도로 카운터를 사용하며 이러한 카운터는 주로 플립플롭을 사용해 구현되어 진다. 일반적으로 카운터는 <표 3.2>와 같이 외부에서 클럭이 입력될 경우 그 값이 1씩 증가하게 된다. 여기서 Q3-Q0까지의 의미는 4비트 16진 카운터를 의미하며, Q(t)는 현재 클럭이 들어오기 전의 값을 의미하고 Q(t+1)의 값은 현재의 클럭이 들어오고 난 이후의 값을 의미한다.

<표 3.2> 16진 카운터의 기능도

이전 상태				다음 상태			
Q3(t)	Q2(t)	Q1(t)	Q0(t)	Q3(t+1)	Q2(t+1)	Q1(t+1)	Q0(t+1
0	0	0	0	0	0	0	1
0	0	0	1	0	0	1	0
0	0	1	0	0	0	1	1
0	0	1	1	0	1	0	0
0	1	0	0	0	1	0	1
0	1	0	1	0	1	1	0
0	1	1	0	0	1	1	1
0	1	1	1	1	0	0	0
1	0	0	0	1	0	0	1
1	0	0	1	1	0	1	0
1	0	1	0	1	0	1	1
1	0	1	1	1	1	0	0
1	1	0	0	1	1	0	1
1	1	0	1	1	1	1	0
1	1	1	0	1	1	1	1
1	1	1	1	0	0	0	0

카운터는 그 동작 기법에 따라서 클럭에 동기화되어 있는 동기식(synchronous) 카운터와 동기화되어 있지 않은 비동기식(asynchronous) 카운터로 구분할 수 있다. 또한 카운터 리셋 기능의 유무에 따라서 리셋 기능이 있는 카운터와 그렇지 않고 계속 특정 값의 범위를 순환하는 순환 카운터로 구분되기도 한다. <표 3.3>에 방금 설명한 카운터가 예로 나타나 있다. 우리가 설계할 카운터이다. 그러면 <표 3.3>을 기본으로 해 실제 모델링해 보자.

<표 3.3> 동기식/비동기식 리셋 카운터

동기식 리셋 카운터			비동기식 리셋 카운터		
입 력		출 력	입 력		출 력
Clock	Reset	Q3 - Q0	Clock	Reset	Q3 - Q0
Rising Edge	1	0	X	1	0
Rising Edge	0	Counting	Rising Edge	0	Counting

<리스트 3.2>는 <표 3.3>에 나타나 있는 카운터 중에서 동기식 리셋 기능이 있는 4비트 16진 카운터를 나타낸다. 즉 리셋이 들어와도 클럭의 입력이 들어와야 실제로 카운터의 값이 초기화됨을 의미한다. VHDL 코드 내의 주석을 참조하면 이해가 될 것이다. <리스트 3.3>은 <표 3.3>에 나타나 있는 카운터 중에서 비동기식 리셋 기능이 있는 4비트 16진 카운터를 나타낸다. 즉 클럭의 입력과는 무관하게 리셋이 들어오면 바로 카운터의 값을 초기화하는 것이다.

<리스트 3.2> 동기식 리셋 카운터

```
-- 라이브러리의 지정 및 패키지 호출

library IEEE;
use IEEE.std_logic_1164.all;

-- 부호 없는 산술 연산을 위한 패키지 호출

use IEEE.std_logic_unsigned.all;

-- 엔터티 선언문

entity counter_4bit_sync_reset is
  port (
    -- 입력 포트
    clock: in STD_LOGIC;
    reset: in STD_LOGIC;
```

```
        -- 출력 포트
        q : out STD_LOGIC_VECTOR(3 downto 0)
    );
end counter_4bit_sync_reset;

-- 아키텍처의 선언문
architecture counter_4bit_sync_reset_arch of counter_4bit_sync_reset
is

    signal counting : std_logic_vector(3 downto 0);

begin
-- <<enter your statements here>>
    count : process(clock)
    begin
    -- 클럭의 상승 에지에서의 동작(active high)
        if(rising_edge(clock))
            then if(reset = '1')
                -- 리셋이 1이면 출력은 0
                then counting <= "0000";

                -- 카운트 + 1
                else counting <= counting +"0001";
            end if;
        end if;
    end process count;

    -- 카운트 값의 출력
    q <= counting;
end counter_4bit_sync_reset_arch;
```

<리스트 3.3> 비동기식 리셋 카운터

```
-- 라이브러리의 지정 및 패키지 호출

library IEEE;
use IEEE.std_logic_1164.all;

-- 부호 없는 산술 연산을 위한 패키지 호출

use IEEE.std_logic_unsigned.all;

-- 엔터티 선언문

entity counter_4bit_async_reset is
  port (
    -- 입력 포트
    clock: in STD_LOGIC;
    reset: in STD_LOGIC;

    -- 출력 포트
    q : buffer std_logic_vector(3 downto 0)
  );
end counter_4bit_async_reset;

-- 아키텍처 선언문

architecture counter_4bit_async_reset_arch of counter_4bit_async_reset is

begin
-- <<enter your statements here>>
  count: process(clock , reset)
  begin
    -- 리셋이 1이면 출력은 0
    if(reset='1')
      then q <= "0000";

    -- 클럭의 상승 에지에서의 동작(active high)
```

```
      elsif (rising_edge(clock))
         -- 카운터 값의 출력
         then q<= q + "0001";
      end if;
   end process;
end counter_4bit_async_reset_arch;
```

3.3 스테이트 머신을 이용한 모델링

한편, 일반적으로 우리가 설계하는 회로들은 조합 회로와 순차 회로가 혼합되어 있는 형태이다. 그럼 지금부터 스테이트 머신을 이용한 모델링에 대해 알아보자.

스테이트 머신은 앞서 설명한 순차 회로를 제어하는 조금 더 복잡한 형태의 회로를 설계하는데 사용된다. 순차 회로는 출력이 현재의 입력만으로 결정되는 것이 아니라 과거의 출력과 현재의 입력 및 기억된 값에 따라서 출력이 결정되는데 이런 기본 구조를 바탕으로 상태(state)라는 개념을 추가 한 것을 스테이트 머신이라 한다.

<그림 4> 스테이트 머신의 구조도

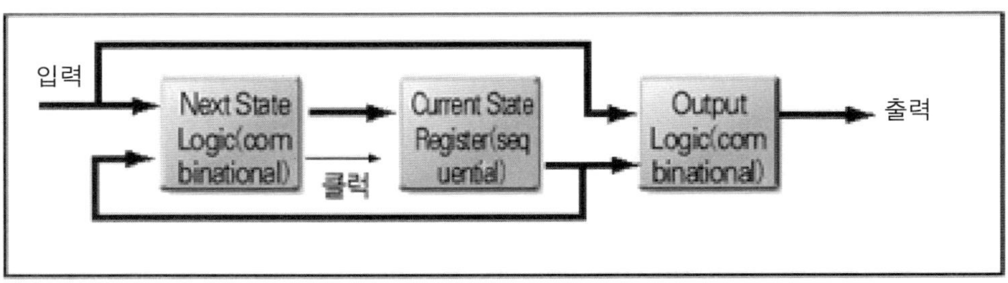

<그림 4>에서 보는 바와 같이 스테이트 머신은 크게 세 부분으로 나뉜다. 현재의 상태를 기억하고 있는 모듈과 다음 상태를 계산해 내기 위한 모듈 그리고 적절한 출력을 만들어 내기 위한 모듈이 그것이다.

여기서 현재의 상태를 기억하는 모듈은 순차 회로로 구성이 되며 다음 상태와 출력을 생성해 내는 모듈은 조합 회로로 구성이 된다. 그럼 이제 한 가지 예제를 통해 이러한 스테이트 머신을 이용한 VHDL 모델링에 대해 알아보자. 이번에 구현할 예제는 레지스터이다. 레지스터는 앞서 설명한 것처럼 CPU 내부에 위치하면서 명령과 데이터를 일시적으로 저장하는 임시 기억 장치로서의 역할을 수행한다. 이러한 레지스터 역시 ALU와 더불어 CPU를 구성하는 중요한 구성요소이다.

3.3.1 레지스터 모델링

그러면 <표 3.4>와 같은 기능이 있는 레지스터를 구현해 보자. 실제 상용화된 CPU에서는 주로 32비트 레지스터를 사용하지만 우리가 지금 설계할 레지스터는 4비트 레지스터이다. 그리고 기능도 구현상의 편의를 위해 값의 로드 상태만을 저장하고 있는 형태로 국한시켰다. 하지만 기본적인 동작 원리는 상용화되어 있는 일반 32비트 레지스터와 유사하다. <리스트 3.4>에 우리가 설계할 4비트 로드 기능이 있는 레지스터의 코드가 나타나 있다.

<표 3.4> 4비트 레지스터의 기능

Input				Output	
Clock	Reset	Load	Data_In3-Data_In0	Data_Out3-Data_Out0	
X	0	X	X	0	클리어
Rising Edge	1	1	Data_In3-Data_In0	Data_In3-Data_In0	로드
Don't Care	1	X	X	Data_Out3-Data_Out0	기억

<리스트 3.4> 레지스터

```
-- 라이브 러리의 지정 및 패키지 호출

library IEEE;
use IEEE.std_logic_1164.all;
```

```
-- 엔터티 선언문
entity register_4bit is
  port (
    -- 클럭과 제어 신호의 입력
    clock: in STD_LOGIC;
    reset: in STD_LOGIC;
    load: in STD_LOGIC;

    -- 데이터 입력
    Data_In: in STD_LOGIC_VECTOR(3 DOWNTO 0);

    -- 데이터 출력
    Data_Out: out STD_LOGIC_VECTOR(3 DOWNTO 0)
  );
end register_4bit;

-- 아키텍처의 선언문
architecture register_arch of register_4bit is

  -- 현재 상태와 다음 상태의 선언
  signal next_state, current_state : std_logic_vector(3 downto 0);

begin
-- <<enter your statements here>>
  -- 현재의 상태를 출력
  Data_Out <= current_state;

  -- 조합 회로 부분
  comb : process(current_state, load, Data_In)
    begin
      next_state <= current_state;
      if(load='1')
        then next_state <= Data_In;
      end if;
```

```
    end process;
        -- 순차 회로 부분
    seq : process(clock, reset)
      begin
      -- 리셋이 0이면 현재 상태 클리어
        if(reset='0')
          then current_state <= (others => '0');
          -- 다음 상태의 결정
        elsif (clock'event and clock='1')
          then current_state <= next_state;
        end if;
    end process;
end register_arch;
```

3.3.2 스테이트 머신의 종류

스테이트 머신은 <그림 4>와 같이 구성되는 것이 일반적인 형태이다. 하지만 이러한 스테이트 머신 역시 구현하는 방법에 따라서 다음과 같이 두 가지로 세분화된다.

3.3.2.1 밀리 머신

우선 알아볼 스테이트 머신은 밀리 머신(mealy machine)이다. 이는 <그림 5>에서 나타난 바와 같이 출력 함수가 다음 상태와 현재의 입력에 의해서 결정되는 구조를 말한다. 따라서 입력 신호의 조건에 따라서 여러 개의 출력 신호를 가질 수 있으며 비교적 자유도가 높은 상태도를 구현할 수 있다. 하지만 외부 입력이 출력 함수에 직접 전달되기 때문에 입력단의 노이즈가 출력에 그대로 반영될 수 있다.

<그림 5> 밀리 머신의 구조도

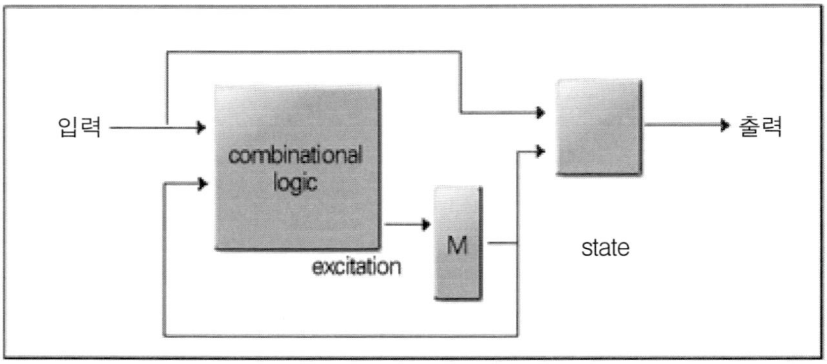

3.3.2.2 무어 머신

스테이트 머신의 또 하나의 구현 방법으로 무어 머신(moore machine)이 있다. 이는 <그림 6>에서 보는 바와 같이 출력 함수가 현재의 상태만을 입력으로 한다. 따라서 한 개의 상태에 대해서 한 개의 출력만을 갖는다. 이는 밀리 머신에 비해 상태수가 상대적으로 증가하는 단점이 있기는 하지만 입력의 노이즈가 출력에 전달되지 않고 입력 신호의 영향을 다음 단에 전달하지 않기 때문에 밀리 머신 보다 좀더 안정적인 동작을 한다고 말할 수 있다.

<그림 6> 무어머신의구조도

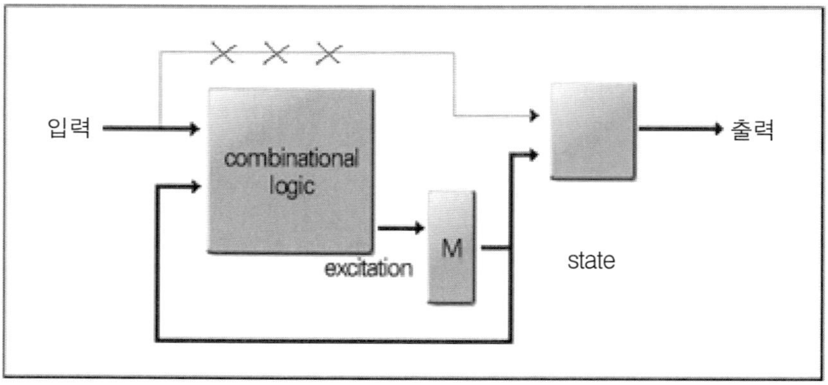

앞서 설명한 1장과 2장의 내용을 토대로, 3장에서는 HDL 가운데 하나인 VHDL을 직접 활용하여 실제 다양한 디지털 회로에 대한 모델링을 수행하였다. 조합 회로의 대표격이라 할 수 있는 CPU의 핵심 모듈을 비롯하여, 카운터와 레지스터 등 다양한 순차회로를 설계하여 보았다.

다음 장에서는 보다 더 다양한 디지털 회로들의 구현을 실험 및 실습 과제를 통해 살펴본다. 4장에서 제시될 내용은 VHDL과 비교하여 Verilog를 활용하여 구현해 보고, 이들 두 언어 사이의 기능적 동질성과 구현상의 차이를 살펴보도록 하자.

4장 합성 효율적 Verilog 프로그래밍 실습

이 장에서는 1장에서 3장까지 소개된 내용을 바탕으로 HDL을 활용하여 다양한 실습 과제를 수행한다. 본 장에서 소개 될 실습 과제들은 총 4개의 과정으로 구성되어 있으며, 각각은 주제별로 다시 세분화되어 제시된다.

실습을 위한 HDL로 본 장에서는 Verilog를 활용한다. 주어진 실습 과제를 Verilog로 해결 한 뒤, 앞서 소개된 조합 회로와 순차 회로의 VHDL로의 구현과 상호 비교하여, 이들 두 HDL 사이의 기능적 동질성과 구현상의 차이를 비교 분석해 보자.

실습 과정의 원활한 수행을 위해, 각각의 Laboratory에서는 선수 문제들을 포함하고 있다. 이는 기본적인 논리 회로 및 디지털 시스템 설계에 필요한 지식을 확보하기 위함이다. 각각의 실습 과정에서 선수 문제들을 해결 한 뒤, 그와 연관된 HDL 실습을 수행한다.

실험 결과 파형의 분석을 위한 실습 환경으로 SILOS 프로그램을 활용한다. SILOS 프로그램은 미국의 SimuCAD사에서 개발한 Verilog 시뮬레이터이다. SILOS 프로그램의 데모 버젼은 약 8MB의 크기로, WINDOWS 95/98/2000/XP에서 동작하며 무료로 다운로드 받아서 사용할 수 있다. 또한 매우 경량으로 구현되어 시뮬레이션 레벨에서의 HDL 실습을 효과적으로 수행 할 수 있다.

SILOS 프로그램의 데모 버전은 게이트 수 200개, 소스 코드 350줄 정도의 용량 제한이 있으나, 본 실습에 사용하기에 큰 무리는 없다.

참고 자료

1. SILOS 프로그램으로 simulation하기

(1) 메모장 등의 test editor을 사용하여 각 module의 Verilog HDL source file을 text file 형태로 저장한다. 이때 파일 이름은 “파일명.v”로 한다.
(2) SILOS 프로그램을 실행시킨다.
(3) project를 만들고, 각 source file을 project에 add한다. (Creating a Project)
(4) go 버튼을 눌러서 project를 simulation한다. (Simulation a Design)
(5) output 윈도우에서 실행 결과를 확인한다.

2. Simulation이 끝난 이후에 다시 simulation하기

(1) [메뉴:Project->Reload and Go]로 simulation을 다시 시작한다.

3. Source File을 고친 다음 다시 simulation하기

(1) [메뉴:File->Open]에서, 원하는 source file을 연다.
(2) [메뉴:Window]에서 수정할 source file의 window를 선택한다.
(3) source file을 수정한다.
(4) [메뉴:Project->Load/Reload Input Files]로 simulation을 다시 시작한다.

4. SILOS 프로그램을 끝내기

(1) 수정한 source file이 있으면 [메뉴:Window]에서 수정한 source file의 window를 선택한 후, [메뉴:File->Save]로 수정한 source file을 저장한다.
(2) [메뉴:Project->Close]로 project를 닫는다.
(3) [메뉴:File->Exit]로 SILOS 프로그램을 끝낸다.

Laboratory 1 : 조합 회로와 그 응용 1

실험예습과제

예습점수	

예습 내용

1. 전가산기 설계하기

연산은 데이터를 가공해서 처리하는 기능이며, 디지털 회로에서는 덧셈이 기본이 된다. 예를 들어 뺄셈은 보수를 사용해서 덧셈을 하면 만들 수 있다.

1) 전가산기의 원리는 무엇인가?
   입출력을 기준으로 진리표를 완성하고, 카르노 맵을 이용하여 논리식을 작성하시오.
2) 해당 논리식의 회로도를 그려 보시오.

2. 코드 변환기 설계하기

BCD(Binary Coded Decimal) 코드를 3 초과 코드(Excess-3 Code)로 바꾸어 주는 코드 변환기를 Verilog HDL의 산술 연산자를 이용하여 설계 할 수 있다.

1) BCD Code는 무엇인가? 그리고 이 Code가 Binary Code와는 어떤 차이가 있는가?
2) 3 초과 코드는 무엇이며, BCD Code와의 관계는 어떠한가?

3. 연산자 제어기 설계하기

4bit 입력 A, B에 대해서 다음의 연산자들을 실행하여 보자.

1) Verilog HDL의 산술 연산자의 기능을 각각의 예를 통해 설명하시오.
2) Verilog HDL의 논리 연산자의 기능을 각각의 예를 통해 설명하시오.
3) Verilog HDL의 단항 비트 연산자(Reduction Operator)의 기능을 각각의 예를 통해 설명하시오.

4. 디코더(Decoder)와 인코더(Encoder) 설계하기

실질적으로 ASIC 응용 분야에서 제일 많이 사용되는 모듈중의 하나가 바로 디코더와 인코더이다. 디코도와 인코더의 주요 기능에 대해서 알아보자.

1) 3 by 8 Decoder(3입력, 8출력)의 기능을 진리표를 통해서 설명하시오.
2) 8 by 3 Encoder(8입력, 3출력)의 기능을 진리표를 통해서 설명하시오.
   또한 동시에 2개 이상의 입력이 들어왔을 경우를 취급할 수 있는 Priority Encoder의 기능은 무엇인가? 진리표를 통해서 설명하시오.

실습 과제 1-1

- 전가산기(Full Adder) 설계
  - 하위 2 bit와 carry와 총 3 bit를 더하여 sum과 carry를 출력해내는 전 가산기를 설계하시오
  - Structural Description을 이용하여 작성 할 것
  - 모든 입력의 조합(8 case)을 나열한 Test_bench program을 작성하시오
  - Silos 상에서의 실행 결과 및 Functional Simulation 결과를 보이시오

실습 과제 1-2

- 코드 변환기 설계
  - BCD(Binary Coded Decimal) 코드를 3초과 코드(Excess-3 code)로 바꾸는 코드 변환기를 설계하시오
  - 입력 : 4 bit vector , 출력 : 4 bit vector
    - Continuous Assignment 문의 사용
  - Test_bench program의 작성
    - 0–9까지 모든 조합을 나열한 Test_bench 작성
  - Silos 상에서의 실행 결과 및 Functional Simulation 결과를 보이시오

실습 과제 1-3

- 산술 연산자의 설계
  - Verilog에서 기본적으로 제공하는 산술 연산자의 기능을 이해하고 설계하자
  - 입출력
    - A, B : 4 bit vector X : 3bit 기능 선택
    - C : 8 bit vector
  - 필수 연산자
    - add(a+b), sub1(a-b), sub2(b-a), neg1(-a), neg2(-b), mul(a*b), haf(a/2), rem(a%2)
  - Test_bench program의 작성
  - Silos 상에서의 실행 결과 및 Functional Simulation 결과를 보이시오

실습 과제 1-4

- Decoder 설계
  - 3 bit input, 8 bit output decoder 설계
  - 구현 방법
    - case statement를 이용한 구현
    - if statement를 이용한 구현
    - 그 외? (bonus point)
  - Test_bench program의 작성
  - Silos 상에서의 실행 결과 및 Functional Simulation 결과를 보이시오

Ex)

```
assign out_data = Func_Call(in_data);
Function [7:0] Func_Call;
input [3:0] in_data;
case(input)   or   if(input == 3'b000)
...
```

Laboratory 2 : 조합 회로와 그 응용 2

실험예습과제

예습점수	

예습 내용

1. 데이터 셀렉터

데이터 셀렉터로 사용되는 multiplexer는 많은 입력들 중에서 하나를 선택하여, 선택된 입력선의 2진 정보를 출력선으로 전달하는 것으로 사용된다.

1) 4 by 1 multiplexer의 원리는 무엇인가?
   입력과 출력 제어 신호의 관계를 테이블을 통해 묘사하시오
2) two-bit wide 8 by 1 multiplexer의 원리는 무엇인가? (즉 입력 데이터가 2 bit)
   입력과 출력 제어 신호의 관계를 테이블을 통해 묘사하시오

2. 패리티 발생기 및 검사기

패리티는 데이터를 전송할 때 2진 데이터와 함께 첨가되어 전송되는 비트로서, 전송 정보 전체의 1의 개수를 홀수 또는 짝수개로 만들어 준다.

1) 4 bit even parity 는 어떻게 구성되는가? 진리표를 작성하여 설명하시오.
   (data 4bit + parity 1bit)

2)이와 같은 진리표를 얻기 위한 논리식은 어떻게 되겠는가?

3. 7 세그먼트 디코더

숫자를 display 하는 장치로 7 segment가 많이 사용되고 있다. 4bit 입력 A, B에 대해서 다음의 연산자들을 실행하여 보자.

1) Common Anode 형 7 segment의 동작 특성은 어떠한가?
2) Common Cathode형 7 segment의 동작 특성은 어떠한가?
3) 위의 2가지 경우에 대한 입력(4bit)과 출력(7bit)의 진리표를 구하시오. 그리고 표시되는 문자의 모양 어떠한가?

실습 과제 2-1

- 데이터 셀렉터(Multiplexer) 설계
  - 2 bit wide 8 by 1 MUX를 설계하시오
  - 다음과 같은 입력의 조합을 나열한 Test_bench program을 작성하시오

    00 00 00 00 00 00 00 00
    00 00 00 00 00 00 00 11
    00 00 00 00 00 00 00 00
    00 00 00 00 00 00 11 00
    …
  - Silos 상에서의 실행 결과 및 Functional Simulation 결과를 보이시오

실습 과제 2-2

- 패리티 발생기 설계
  - Even parity 발생기를 설계하시오.
  - 입출력
    - 입력 : 4 bit vector
    - 출력 : 5 bit vector(4 bit data + 1 bit even parity bit)
  - 구현 방법
    - Bit wise operator를 이용한 구현
    - Reduction operator를 이용한 구현
  - Test_bench program의 작성
    - 0000에서 1111까지 조합을 나열한 Test_bench 작성
  - Silos 상에서의 실행 결과 및 Functional Simulation 결과를 보이시오

실습 과제 2-3

- 7 세그먼트 디코더의 설계
  - cc(common cathode) type의 7 segment decoder를 설계하시오
    - Function call과 case 문을 이용한 설계
  - Test_bench program의 작성
    - 0~9, a~f까지의 결과를 보이시오
  - Silos 상에서의 실행 결과 및 Functional Simulation 결과를 보이시오

실습 과제 2-4

- Priority Encoder 설계
  - 8 bit input, 3 bit output encoder 설계
  - 2개 이상의 동시 입력이 들어 왔을 경우의 우선순위를 포함한 encoder를 설계하시오(don't care조건의 포함)
  - 구현 방법
    - case statement를 이용한 구현
    - if statement를 이용한 구현
    - 그 외? (bonus point)
  - Test_bench program의 작성
    - 8 case 입력
  - Silos 상에서의 실행 결과 및 Functional Simulation 결과를 보이시오

Ex)

```
assign out_data = Func_Call(in_data);
Function [2:0] Func_Call;
input [7:0] in_data;
case(input)   or   if(in_data[7])
```

Laboratory 3 : 순차 회로와 그 응용 1

실험예습과제

예습점수	

예습 내용

1. Latch

래치는 기억 소자의 일종으로 비동기 플립플롭 혹은 기본적인 플립플롭이라 부르기도 하며, set 과 reset 기능을 갖는 일종의 순차 회로이다. 래치의 동작을 이해하여 보자.

1) NOR gate로 구성된 RS Latch란 무엇인가?
   논리도와 입출력 기능표 및 동작 방식을 설명하시오.
2) NAND gate로 구성된 RS Latch란 무엇인가?
   논리도와 입출력 기능표 및 동작 방식을 설명하시오.

2. Flip-Flop

플립 플롭은 기존의 래치에서 클록과 클록 에지 검출기를 첨가한 회로라 할 수 있다. 즉 클록의 상승 모서리 혹은 하강 모서리에서 동작하는 것을 플립 플롭이라고 한다. 다양한 플립 플롭의 동작을 이해하여 보자.

1) Verilog HDL에서 신호의 edge를 검출 하는 방법은 무엇인가?
2) 다음 Flip-Flop등에 대해서 조사하시오
   - RS Flip-Flop의 입출력 특성과 동작은 어떠한가?
     타이밍도와 함께 설명하시오.
   - JK Flip-Flop의 입출력 특성과 동작은 어떠한가?
     타이밍도와 함께 설명하시오.
   - T Flip-Flop의 입출력 특성과 동작은 어떠한가?
     타이밍도와 함께 설명하시오.
   - D Flip-Flop의 입출력 특성과 동작은 어떠한가?
     타이밍도와 함께 설명하시오.

3) 위의 각각의 Flip-Flop에서 동기식 set과 reset, 그리고 비동기식 set과 reset의 기능을 가진다는 것은 무엇을 의미하는가? 그리고 set과 reset이 active high 혹은 active low로 동작을 한다는 것은 어떤 동작을 의미하는가? (즉, set/reset의 동작정의, 동기식/비동기식의 동작 정의, active high/low의 동작정의)
이를 타이밍도와 입출력 동작 특성을 이용하여 비교 설명 하여라.
또한 이를 Verilog HDL을 이용하여 구현할 경우 어떤 방식의 구현이여야 하는가?

3. Register

일반적으로 레지스터는 동기형 D flop-flop 혹은 비동기 리셋 기능이 있는 동기형 D flip-flop으로 구성된다.

1) 비동기식 reset 기능을 가진 4 bit 레지스터를 D 플립플롭을 이용하여 블록도로 나타내시오. 그리고 이때, D 플립플롭과 4 bit 레지스터와의 관계는 어떠한가?
2) 위에서 설계한 레지스터의 데이터 로드 타이밍도는 어떠한가?

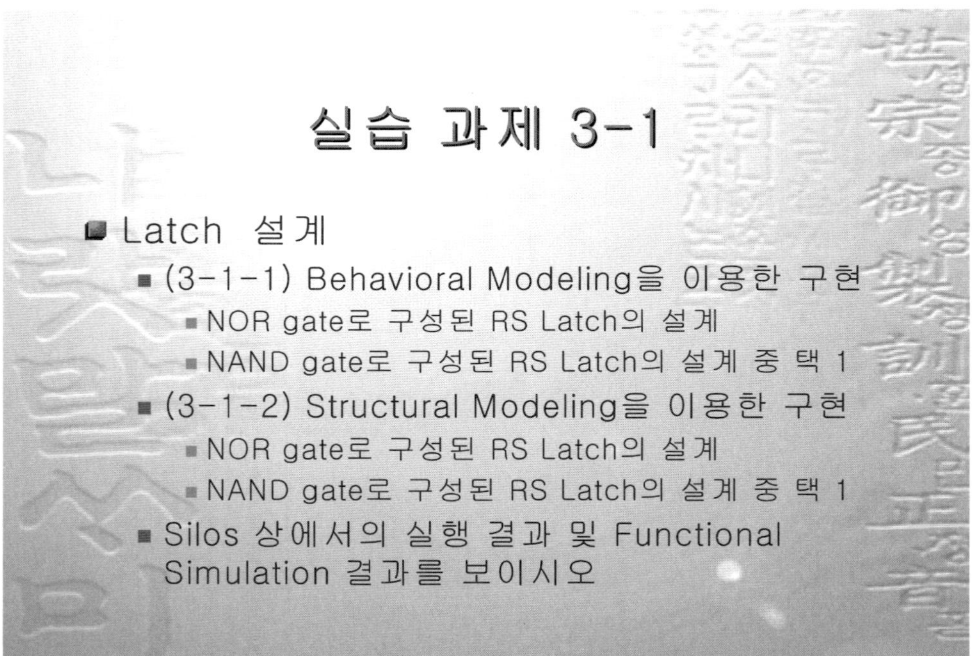

실습 과제 3-2

- Flip-Flop 설계
  - Reset기능을 가질 것
    - Active Low
    - Asynchronous 기능을 가질 것
  - clock의 rising edge 에서 동작할 것(Active High)
  - RS/JK/D/T Flip-Flop을 하나의 module 내에서, 각각 독립적인 always문을 사용하여 구현할 것
  - Silos 상에서의 실행 결과 및 Functional Simulation 결과를 보이시오

실습 과제 3-3

- Register의 설계
  - Asynchronous Reset 기능이 있는 4 bit Register를 설계하시오
  - Silos 상에서의 실행 결과 및 Functional Simulation 결과를 보이시오

Laboratory 4 : 순차 회로와 그 응용 2

실험예습과제

예습점수	

예습 내용

1. Counter

카운터는 간단히 말해서 pulse를 세는 회로이다. 주로 event counting, sequencing, timing, frequency division등의 응용 회로에서 많이 사용되고 있다. 이와 같은 카운터는 플립플롭으로 구성 된다. 다양한 카운터의 설계에 대해서 알아보자.

1) 동기식 카운터와 비동기식 카운터(리플 카운터)란 무엇인가?
   D 플립플롭을 이용한 4진 카운터의 회로도와 타이밍도를 예로 들어 설명하시오.

2) 존슨 카운터에 대해서 설명하시오

3) 카운터에 리셋 기능을 첨가 할 경우, 동기식 리셋 기능이 있는 카운터와 비동기식 리셋 기능이 있는 카운터의 차이는 무엇인가?

2. Register & Memory

일반적으로 플립플롭이 1 비트를 기억할 수 있으므로, 2 비트 이상 기억하려면 플립플롭의 수를 늘리면 된다. 그리고 이와 같이 구성된 회로를 레지스터라 부른다. 레지스터에 대해서 알아보자.

1) Shift Register란 무엇인가?
   4 bit Shift Register의 블록도와 타이밍 도를 이용하여, 동작 패턴을 설명하시오.

※ 로드 기능이 있는 카운터 or Shift Register

무조건 카운트(혹은 Shift)만 하는 것 보다는, 때로는 특정 숫자를 입력해서 그 특정 숫자부터 카운트(혹은 Shift)를 하는 경우가 필요할 때도 있다. 로드 기능이 있는 카운터와 Shift Register를 각각 하나씩 예를 들어 설명하시오.

실습 과제 4-1

- Synchronous Counter 설계
  - (4-1-1) Synchronous Reset 기능이 있는 4 bit Counter
- Synchronous Load 기능이 있는 Counter 설계
  - (4-1-2) Asynchronous Reset기능이 있는 4 bit Counter (Load data는 임의로 줄 것)
- Asynchronous Counter 설계
  - (4-1-3) Asynchronous Reset 기능이 있는 4 bit Ripple Counter
- Johnson Counter 설계
  - (4-1-4) Asynchronous Reset 기능이 있는 4 bit Johnson Counter
- Silos 상에서의 실행 결과 및 Functional Simulation 결과를 보이시오

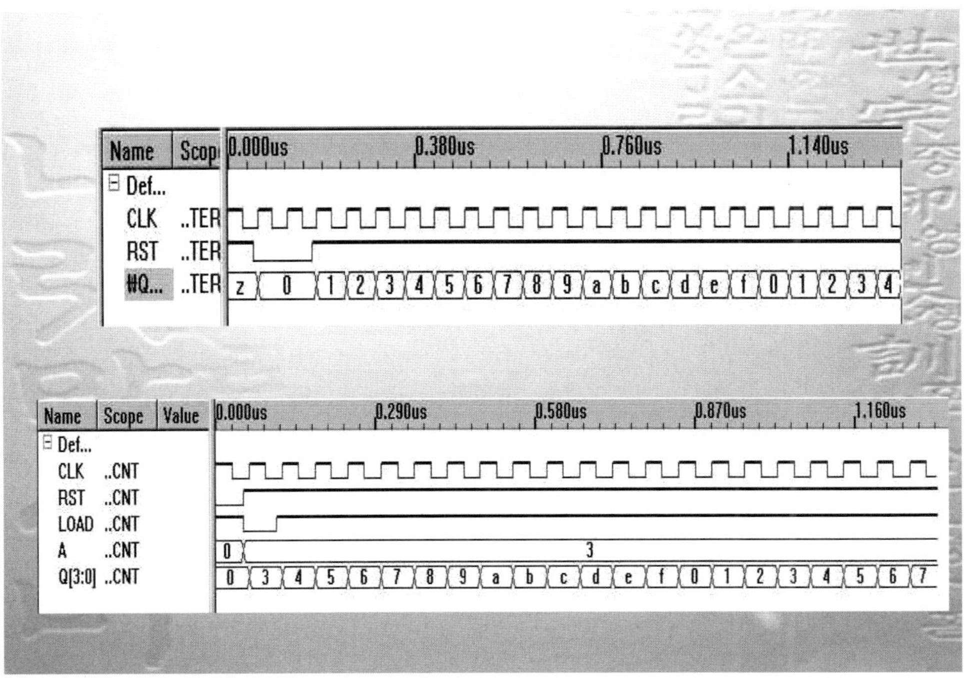

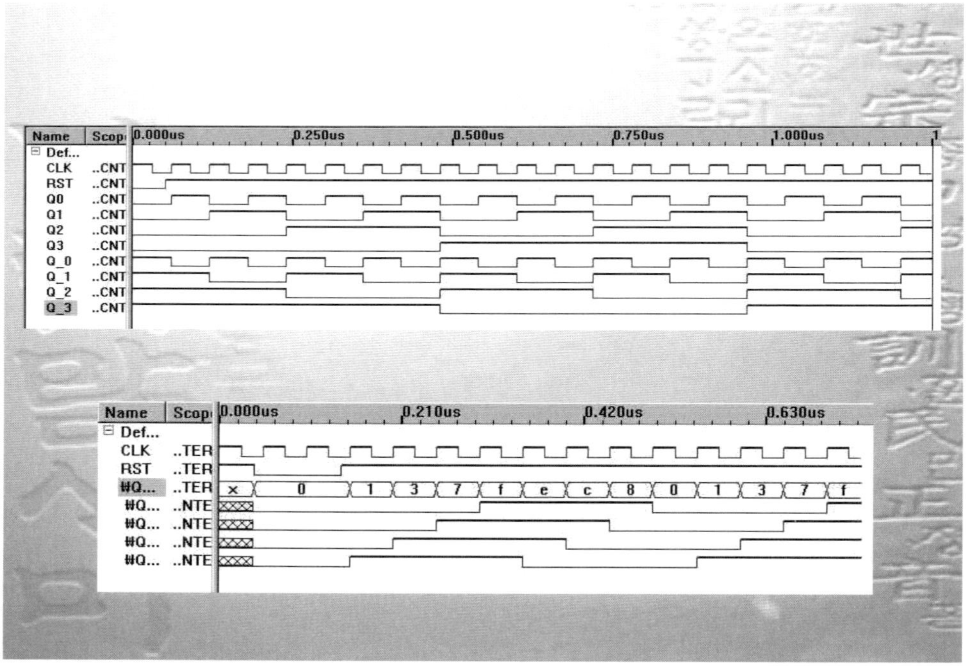

실습 과제 4-2

- Register 설계
  - (4-2-1) 4 bit Shift Register
    - Shift 연산자를 이용할 것(<<)
    - Asynchronous Reset(Active low), Active High
  - (4-2-2) Synchronous Load 기능이 있는 4 bit Shift Register
    - Asynchronous Reset(Active low), Active High
    - Load Data는 임의로 줄 것
- Silos 상에서의 실행 결과 및 Functional Simulation 결과를 보이시오

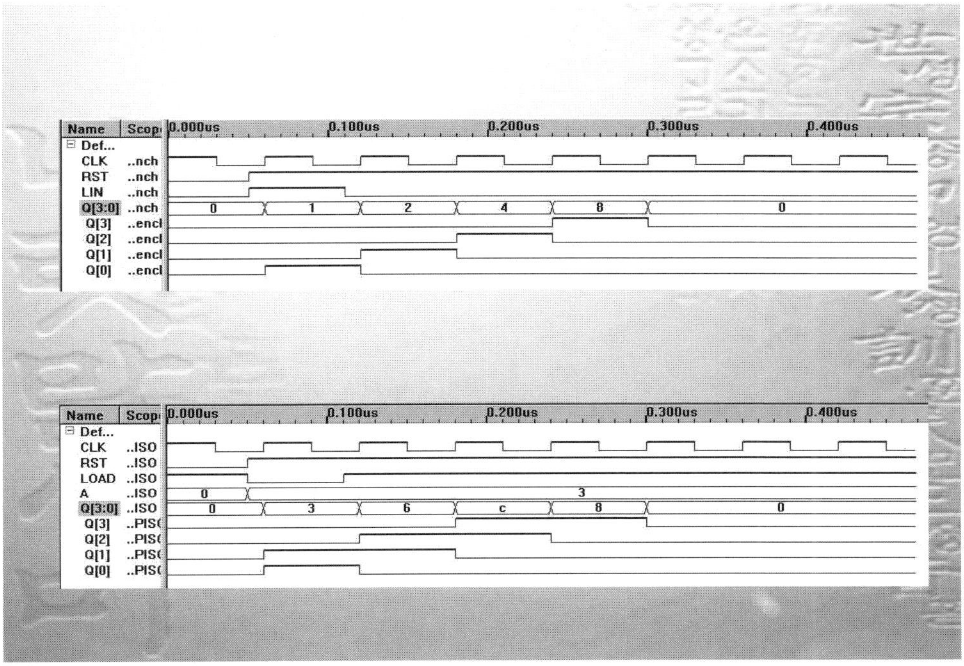
Name Scop 0.000us 0.100us 0.200us 0.300us 0.400us
Def...
CLK ..nch
RST ..nch
LIN ..nch
Q[3:0] ..nch 0 1 2 4 8 0
Q[3] ..encl
Q[2] ..encl
Q[1] ..encl
Q[0] ..encl
Name Scop 0.000us 0.100us 0.200us 0.300us 0.400us
Def...
CLK ..ISO
RST ..ISO
LOAD ..ISO
A ..ISO 0 3
Q[3:0] ..ISO 0 3 6 c 8 0
Q[3] ..PIS(
Q[2] ..PIS(
Q[1] ..PIS(
Q[0] ..PIS(